Tomás Vicente Esquerdo Lloret
María del Carmen Morcillo Esquerdo

Métodos cinemáticos en mecanismos planos

edUPV
Universitat Politècnica de València

Colección *Académica* http://tiny.cc/edUPV_aca

Para referenciar esta publicación utilice la siguiente cita:
Esquerdo Lloret, Tomás Vicente; Morcillo Esquerdo, María del Carmen (2025). *Métodos cinemáticos en mecanismos planos.* edUPV

© 2025, edUPV (Editorial Universitat Politècnica de València)
   Venta: www.lalibreria.upv.es   /   Ref.: 0299_98_01_01

ISBN: 978-84-1396-377-8
Depósito Legal: V-4773-2025

Imprime: Byprint Percom, S. L.

Si el lector detecta algún error en el libro o bien quiere contactar con los autores, puede enviar un correo a edicion@editorial.upv.es

edUPV se compromete con la ecoimpresión y utiliza papeles de proveedores que cumplen con los estándares de sostenibilidad medioambiental https://editorialupv.webs.upv.es/compromiso-medioambiental/

Impreso en España

A los familiares que no olvidamos

Prólogo

Los métodos de análisis cinemático son esenciales en el estudio y diseño de sistemas mecánicos, ya que permiten estudiar el movimiento de los elementos sin necesidad de conocer las fuerzas a que están sometidos. Estos métodos se han convertido en herramientas imprescindibles en ingeniería, robótica y física, erigiéndose como un instrumento para comprender los fenómenos dinámicos.

Aunque puede encontrarse diversa bibliografía que aborda estos conceptos, es poco frecuente que se incluya un desarrollo completo o se trabajen todas las metodologías cinemáticas conjuntamente. Es por ello que esta obra intenta contribuir a cubrir esta necesidad en base a la experiencia de muchos años de docencia universitaria en los mecanismos.

Está dirigida principalmente a estudiantes y docentes interesados en fortalecer su comprensión en el movimiento de los componentes de los mecanismos. Se presenta como un material de apoyo empleando un léxico fácil de entender, claro y conciso para que el estudiante en ingeniería, mecatrónica y ramas afines pueda profundizar y formarse de forma autónoma.

Se estructura en 3 partes secuenciadas para guiar al lector en la comprensión de los conceptos y el entendimiento en la aplicación de las metodologías de análisis cinemático enfocado en los mecanismos. Se inicia dando a conocer los mecanismos y sus características, se muestran ejemplos prácticos y se definen los elementos que los componen, y que debe conocerse para iniciarse en el estudio de los mecanismos. A continuación, se abordan los conocimientos previos de la física que son necesarios para entender y aplicar el desarrollo posterior. Partiendo de la rotación de un punto alrededor de un punto fijo, se avanza hasta obtener las expresiones generales de la cinemática del punto en un movimiento general, haciendo distinción en el tratamiento para el caso de sistemas inerciales y no inerciales. Estas expresiones serán necesarias para el análisis cinemático de los mecanismos. Finalmente se describen los enfoques para el análisis cinemático de mecanismos mediante técnicas analíticas y gráficas. En las metodologías analíticas se estudian tres enfoques: 1.- el método trigonométrico, 2.- el álgebra vectorial y 3.- las ecuaciones de cierre. Respecto a los métodos gráficos, se emplea: 1.- el método de los Centros Instantáneos de Rotación y 2.- la resolución gráfica de los Cinemas. Para facilitar la comprensión y mejorar el aprendizaje, se estudia el mecanismo sencillo de biela manivela con corredera rectilínea, ya que combina, por una parte, elementos en rotación pura, en movimiento general con rotación y translación y por último un deslizamiento. Estos son los tres tipos de movimientos que pueden tener los elementos en el plano.

Con la elaboración de este material se pretende aportar una herramienta de apoyo al estudio y afianzar los fundamentos teóricos y prácticos del análisis cinemático en el ejercicio profesional del ingeniero.

Los autores

V

ÍNDICE

1
Introducción

1.1. La mecánica

Nuestro alrededor y todo aquello en lo que interactuamos está controlado por conceptos que la física intenta explicar. La Física es la ciencia que estudia los fenómenos naturales en los que no se altera la composición de la materia. Apoyándose en las matemáticas, estudia las propiedades de la naturaleza mediante expresiones matemáticas, conocidas como Leyes Fundamentales. Analiza las propiedades de la energía, materia, tiempo, espacio y la interconexión entre estos cuatro conceptos. La Física clásica la componen cinco grandes bloques:

a. Mecánica. Analiza el movimiento y las acciones que lo produce

b. Electricidad. Estudia los fenómenos eléctricos y magnéticos, y su relación

c. Termodinámica. Se centra en la transferencia de calor entre elementos, la temperatura y la transformación del calor en trabajo

d. Acústica. Analiza los fenómenos de generación y propagación del sonido a través de fluidos y materiales

e. Óptica. Estudia la luz y todos los aspectos relacionados con ella, como puede ser la propagación, velocidad de transmisión, entre otros

En lo que respecta al campo que es de nuestro interés para el estudio de mecanismos, a su vez, la mecánica está compuesta por tres grandes bloques:

a. Estática. Analiza los elementos que se encuentran en reposo y no varía su posición con el tiempo. Estudia el equilibrio de las fuerzas de los sistemas, pudiendo ser estable, inestable o indiferente

b. Cinemática. Considera el movimiento de los objetos en el espacio y su evolución con el tiempo, sin considerar las causas que lo provocan. Permite identificar la trayectoria que describen los puntos del sistema y su evolución con el tiempo con el análisis de la velocidad y aceleración

c. Dinámica. Aborda las causas que provocan una alteración del sistema a lo largo del tiempo. Analiza el movimiento de un sistema y las causas que provocan este cambio. Puede dividirse en: 1.- dinámica directa en la que se estudia el movimiento en un sistema provocado por acciones externas, como fuerzas y momentos y 2.- dinámica inversa en la que se conoce el movimiento, es decir, la cinemática y, conocida la masa de cada elemento, se determinan las acciones, es decir, magnitudes y direcciones, que son necesarias para producir los movimientos deseados. También es conocida como cinetostática. (Norton, 1995)

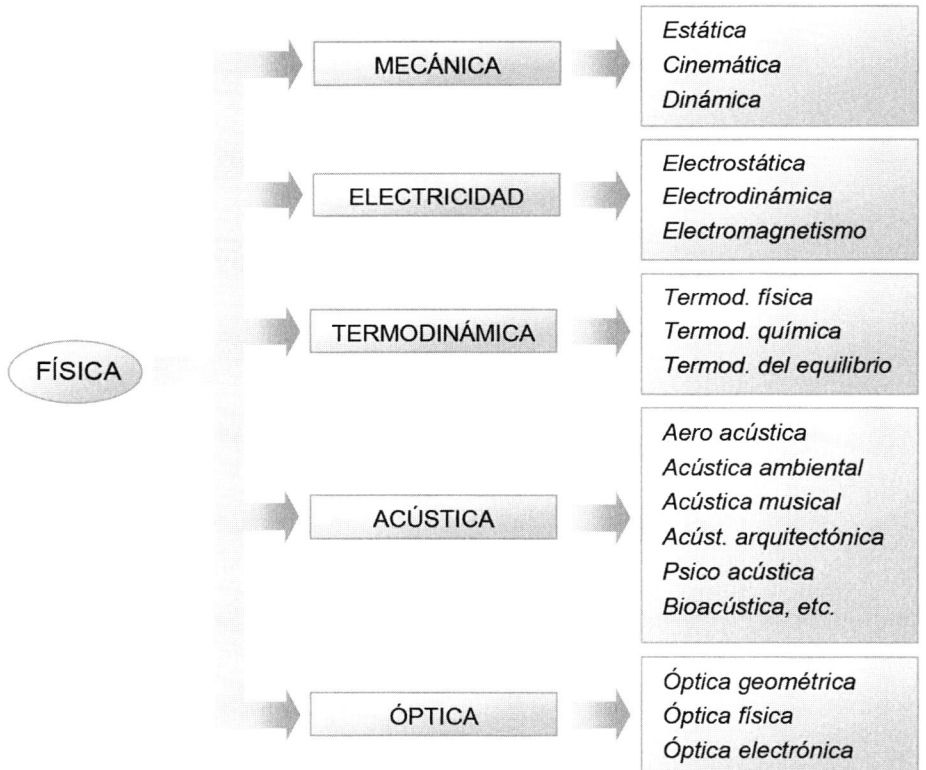

Figura 1.1. Campos que forman la física clásica. Fuente: elaboración propia

Antes de abordar el fundamento teórico en el que se definen las expresiones matemáticas para el estudio cinemático, es necesario dedicar este apartado para definir qué es un mecanismo, cómo está formado y qué lo compone.

1.2. Máquinas y mecanismos

El entorno que nos rodea se encuentra dominado por las máquinas que han sido creadas con diversos fines. En unos casos nos aportan la energía que es necesaria para mover grandes pesos, como es el caso de las grúas, los apiladores o las transpaletas, y en otros, nos permiten disponer de artilugios para hacernos la vida cotidiana más cómoda, como, por ejemplo: las máquinas expendedoras, medios de transporte de pasajeros, como los automóviles, el uso de robots para realizar tareas repetitivas en salas de ensamblaje o de precisión en el sector industrial y medicinal. Una máquina se puede definir como un sistema formado por elementos fijos y móviles que interactúan entre sí para transmitir, transformar, controlar y regular el movimiento y la energía desde uno o varios elementos de entrada hasta uno o varios de salida. Se pueden dividir en:

- máquinas simples, en las que el sistema mecánico modifica la dirección o la magnitud de una fuerza o par de fuerza, como es el caso de una polea o una transmisión por engranajes, y

- máquinas complejas, que están formadas por un conjunto de elementos en movimiento para transmitir fuerzas o momentos, y en las que es necesario disponer de un sistema de generación de energía –un motor de combustión o eléctrico–, sistemas de control, accionamientos para el control por parte de los usuarios, sistema de protección y seguridad mediante carcasas o rejillas metálicas, entre otros. Estas máquinas complejas se pueden encontrar en un gran abanico de posibilidades, como por ejemplo en talleres de mecanizado, como pueden ser los tornos, fresadoras y cortadoras, o en el ámbito industrial, como es una retroexcavadora o plataforma elevadora, en camiones de transporte o una silla autopropulsada para personas de movilidad reducida, en el sector de uso doméstico.

Figura 1.2. Ejemplo de máquina compleja. Fuente: fotografía propia

La Figura 1.3 muestra el sistema interno que emplea un motor de combustión interna, en el que la energía producida por los gases de la combustión empujan el pistón verticalmente, transmitiendo el movimiento y las acciones a través de la biela hasta el cigüeñal de giro, el cual transmite la rotación y el par de fuerza al sistema de la transmisión y finalmente a la rueda. Corresponde a un ejemplo de máquina simple.

Figura 1.3. Máquina simple de un motor de ciclomotor. Fuente: fotografía propia

Generalmente las máquinas disponen de sistemas mecánicos que realizan la acción para la que han sido diseñados. Estos sistemas pueden estar formados por transmisiones mediante correas, cadenas o engranajes, entre otros, pero también por la unión de elementos móviles interconectados: son los llamados mecanismos.

Puede interpretarse que un mecanismo está formado por un conjunto de elementos que transforman la energía en movimiento desde una o varias entradas de forma controlada, para obtener una acción o movimiento de una o varias salidas. Es decir, se utilizan para dirigir o transformar el movimiento –y también la fuerza o par de fuerza– desde un elemento de entrada a otro de salida.

En algunos casos estos mecanismos se emplean para transmitir solamente movimiento, pudiendo encontrar multitud de ejemplos de mecanismos en el ámbito cotidiano, como pueden ser: tendederos portátiles de ropa, sillas plegables, sillones reclinables, puertas basculantes de garaje o ventanas abatibles. En otros, además del movimiento, se requiere transmitir una fuerza o un par de fuerzas, como en una retroexcavadora, una suspensión de un vehículo, una plataforma elevadora para carga y descarga en un camión o una puerta de autobús.

Figura 1.4. Mecanismo para techo abatible en una autocaravana. Fuente: fotografía propia

En todo mecanismo uno de sus elementos se encuentra en reposo, también llamado bastidor. En la figura anterior, Figura 1.4, el chasis de la autocaravana hace la función de bastidor. En ocasiones, todos los elementos en movimiento se mueven respecto este bastidor único, pero puede darse el caso de que el mecanismo forme parte de un sistema mecánico mucho más complejo que dispondrá de su propio bastidor. Es decir, el bastidor de cada mecanismo interno independiente, permite relacionar el movimiento de cada elemento respecto de este bastidor, pero este bastidor puede ser parte de otro mecanismo y moverse respecto de su propio bastidor más general. Un ejemplo claro de esto es el caso de un vehículo automóvil, el cual tiene su propio bastidor, que obviamente se encuentra en movimiento en la carretera, pero en el que los elementos del propio vehículo se mueven relativamente a él, como es el limpiaparabrisas, elevalunas, puerta del maletero, techos escamoteables en vehículos descapotables, la suspensión o la dirección.

Dependiendo de la morfología del mecanismo, número de elementos que contiene, tipo y cantidad de conexiones entre sus elementos, etc., se podrán obtener gran variedad de trayectorias: lineales, circulares, complejas, planas o espaciales.

En el ejemplo de la Figura 1.5 se obtiene un movimiento circular de la puerta. Generalmente los mecanismos que se encuentran en nuestro alrededor tienen el movimiento de los elementos que lo componen contenido en un plano, o en planos paralelos al plano que contiene el mecanismo, denominándose mecanismos planos, aunque también pueden encontrarse mecanismos espaciales, en los que la movilidad de los elementos no se mantiene en el plano, o planos paralelos al plano que contiene el mecanismo. Un ejemplo de mecanismo espacial es el paraguas.

Figura 1.5. Mecanismo plano de cierra puertas. Fuente: fotografía propia

Como resultado de su definición, los mecanismos planos representan la trayectoria de todos los puntos en un plano, o planos paralelos al que contiene el mecanismo, y por tanto su velocidad y su aceleración. Además, se cumple que la velocidad y aceleración angular se representan mediante vectores que salen o entran al plano, según el sentido de giro sea horario o anti horario. Esto es importante a tener en cuenta para el estudio cinemático de mecanismos mediante técnicas gráficas, como se verá más adelante, ya que permite imponer condiciones para representar la dirección conocida de la velocidad y aceleración de algunos puntos y resolver con mayor facilidad el problema.

1.3. Componentes de un mecanismo

1.3.1. Elementos y pares cinemáticos

Los mecanismos están formados por elementos –también se denominan eslabones o barras– unidos entre sí mediante uniones con posibilidad de movimiento relativo. Estos puntos son llamados pares cinemáticos y mantienen el contacto permanente entre los elementos durante el movimiento, mientras que los elementos transmiten el movimiento y la acción a través de los pares cinemáticos. En este apartado se describen las características de cada uno de ellos.

Las barras, es decir, los eslabones o elementos que forman el mecanismo, pueden ser de tres tipos (Calero Pérez & Carta González, 1998):

a. conductoras, que transmiten el movimiento y la acción y corresponde al elemento de accionamiento o también llamada barra de entrada

b. conducidas, aquellas sobre la que actúa el movimiento o la acción transmitidos y generalmente corresponde con el elemento de salida del mecanismo

c. conductoras y conducidas. Son aquellas barras que reciben el movimiento o acción y la transmiten a otras barras, comportándose solamente como elementos intermedios de transmisión de movimiento, o de las acciones, en todo el sistema

La Figura 1.5 muestra un mecanismo formado por cuatro elementos: el marco de la pared, que hace la función de bastidor, la propia puerta y los dos elementos que los une.

Habitualmente los elementos que forman un mecanismo se crean mediante la fabricación de subelementos individuales, también llamadas piezas (Calero Pérez & Carta González, 1998), y que han de ser unidas rígidamente. En algunos casos este ensamblaje se realiza por facilidad en la fabricación, como es el caso de carcasas unidas mediante adhesivos o tornillos en el sector del juguete, mientras que, en otros, por la imposibilidad de montar la barra en el propio mecanismo. Un ejemplo de esto es la necesidad del ensamblaje por partes de la biela para montar un motor de combustión, véase el mecanismo de la Figura 1.3, ya que la forma compleja del cigüeñal impide su montaje, además de facilitar la reparación y mantenimiento del propio motor. En este caso, la biela se construye en dos partes y también se intercalan casquillos antifricción durante el montaje (Calero Pérez & Carta González, 1998). Otro ejemplo que muestra la necesidad de incluir piezas es el caso de los cilindros hidráulicos o neumáticos, en los que se disponen de retenes, tuercas internas, entre otros, para garantizar que el fluido no se transfiere de una cámara a otra durante el movimiento del émbolo y se mantiene el sellado.

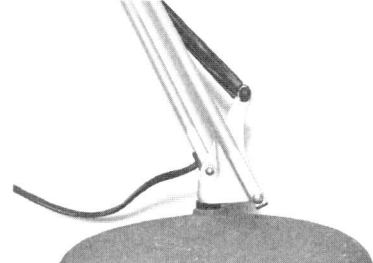

Figura 1.6. Piezas necesarias para conectar los elementos. Fuente: fotografía propia

En el caso de los mecanismos planos, los elementos estarán contenidos en el plano del movimiento, o en planos paralelos, como resultado de las limitaciones que ofrece la construcción y ensamblaje de estos elementos para evitar interferencias o colisiones durante el movimiento. Véase el mecanismo en la Figura 1.5, en el que las dos barras se acoplan en planos paralelos para garantizar el giro. Por tanto, en el plano, los pares cinemáticos tendrán solamente libertad para moverse con un movimiento relativo entre los elementos, que puede ser debido a un deslizamiento y/o una rotación relativa, estando restringido el movimiento en el resto de las direcciones. Los pares cinemáticos que pueden presentarse en los mecanismos planos son de tres tipos: giro generado por una articulación, deslizamiento provocado por una deslizadera y giro con deslizamiento simultáneamente.

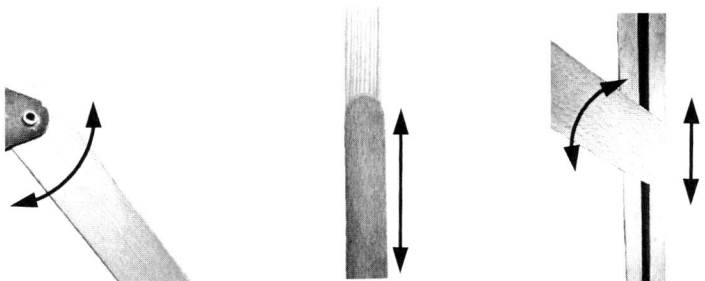

Figura 1.7. Par cinemático de giro, deslizamiento y giro con deslizamiento.
Fuente: fotografía propia

1.3.2. Esquema cinemático

Los mecanismos reales se construyen con multitud de componentes y con ensamblajes complejos que dificultan la identificación del mecanismo y de sus elementos. Para evitar este inconveniente, se recurre al concepto de esquema cinemático, en el que el mecanismo real se simplifica mediante un esquema gráfico o croquis, incluyendo solamente los elementos y pares cinemáticos –de giro y/o deslizamiento– en el plano del movimiento, sin tener en cuenta aspectos estéticos o de construcción.

Cuando los elementos se ubican en planos paralelos, por simplicidad, se fusionan o proyectan todos ellos sobre un mismo plano, sin que exista la posibilidad de interferencia de los elementos, pero permitiendo reproducir el movimiento de todos los elementos del mismo modo que en el mecanismo real. En este dibujo gráfico todos los elementos se representan a escala geométrica del mecanismo real, y todos los elementos se mueven sobre el plano del dibujo. Hay que hacer notar que, en los mecanismos espaciales, al representar su esquema cinemático para un instante de tiempo, cuando cambia a otra posición sucesiva, los elementos no se mantienen en este plano de proyección.

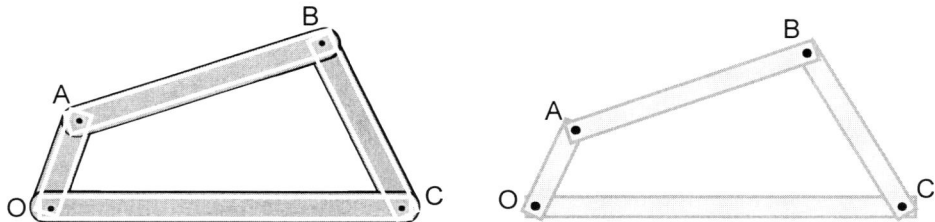

Figura 1.8. Esquema cinemático del mecanismo plano de cuadrilátero articulado.
Fuente: fotografía propia

Mediante el esquema del mecanismo resulta rápido de interpretar el movimiento de cada uno de los elementos, así como la trayectoria de los puntos. Sin embargo, su interés radica en la aplicación de las expresiones cinemáticas donde resulta realmente provechoso para relacionar la cinemática entre puntos y estudiar completamente el mecanismo.

1.3.3. Cadenas cinemáticas

A partir del concepto de elemento y de par cinemático, se definen las cadenas cinemáticas. Una cadena cinemática es la unión de elementos a través de sus pares cinemáticos para formar un recorrido desde un punto A hasta otro punto B. Atendiendo a la localización de los puntos, se podrán formar cadenas cinemáticas abiertas o cerradas.

- cadena cinemática abierta. Es aquella cadena en la que el punto final no es coincidente con el punto de inicio. Véase la Figura 1.9
- cadena cinemática cerrada. Se presenta en el caso en que el punto final coincide con el punto de inicio. Se forma, por tanto, un bucle cerrado, como es el caso de la Figura 1.8

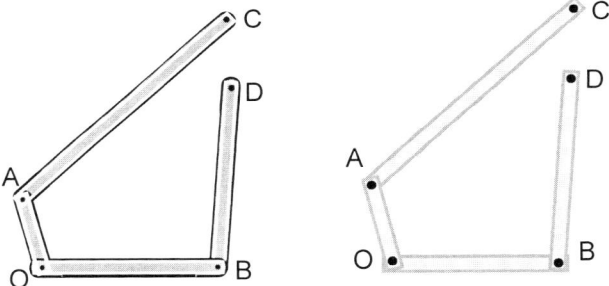

Figura 1.9. Cadena cinemática abierta. Fuente: fotografía propia

En la Figura 1.10 se incluyen dos casos reales en el que se generan los dos tipos de cadenas que pueden encontrarse: el accionamiento empleado para el posicionado de un estor enrollable o de un toldo manual, en el que se muestra una cadena abierta, y el caso de una mesa con tablero practicable, en la que se pueden formar varias cadenas cerradas. Otro ejemplo similar a este último, es el cuadro basculante de una bicicleta.

Eje de
rotación

Figura 1.10. Ejemplos de cadena cinemática abierta y cerrada. Fuente: fotografía propia

Es interesante destacar la importancia de las cadenas cinemáticas y su aplicación en la metodología de la ecuación de cierre que se describe en el Apartado 3.- Metodologías cinemáticas. Esta técnica se basa en formar cadenas cerradas, aunque resulta más cómodo construir cadenas abiertas desde un punto de origen hasta el punto de destino por dos trayectorias diferentes, y que obviamente genera una cadena cerrada. Como ayuda para crear las cadenas, es conveniente iniciar las cadenas desde el eslabón de entrada y pasar al resto de barras progresivamente.

2
Fundamento teórico

2.1. Conceptos. Cinemática del punto

Antes de entrar a estudiar los métodos cinemáticos, es conveniente describir previamente los conceptos sobre los que se basa la cinemática y los aspectos que son necesarios en estos análisis. Es el punto de partida para obtener las expresiones generales que son de aplicación a las metodologías de análisis cinemático de mecanismos. Este apartado se inicia con el análisis de la posición de un punto y, tras abordar la rotación alrededor de un punto fijo y la translación, se pasa a estudiar las expresiones cinemáticas en un movimiento general combinando rotación y translación. Se trata el caso de un sistema inercial y, por último, al caso más general en un sistema no inercial, en el que existe movimiento relativo entre un sistema de referencia absoluto y otro móvil que es solidario al elemento que es objeto de estudio.

2.1.1. Posición de un punto

Se define la posición absoluta que ocupa un punto en el plano como la posición referenciada respecto de un sistema absoluto. Para ello ha de considerarse la referencia respecto de un punto fijo, y es necesario emplear un sistema de coordenadas, que en el plano puede ser el sistema cartesiano o el polar. Así, por ejemplo, el método de los cinemas hace uso de ambos sistemas de referencia, dado que, aunque el sistema polar es más cómodo y sencillo de trabajar, requiere conocer la posición global con respecto a un sistema cartesiano, el cual es más cómodo para interpretar los resultados obtenidos. En cambio, el método analítico del álgebra vectorial emplea el sistema cartesiano.

Recuérdese que un sólido en el espacio puede realizar 6 posibles movimientos, o también llamados grados de libertad: 3 translaciones y 3 giros, asignados estos movimientos a cada eje cartesiano. En el caso de un sistema plano, que solo tiene permitido moverse en un plano, las restricciones limitan los posibles movimientos a 3: un deslizamiento en cada eje y una rotación en el eje ortogonal: véase el objeto contenido en el plano XY de la Figura 2.1.

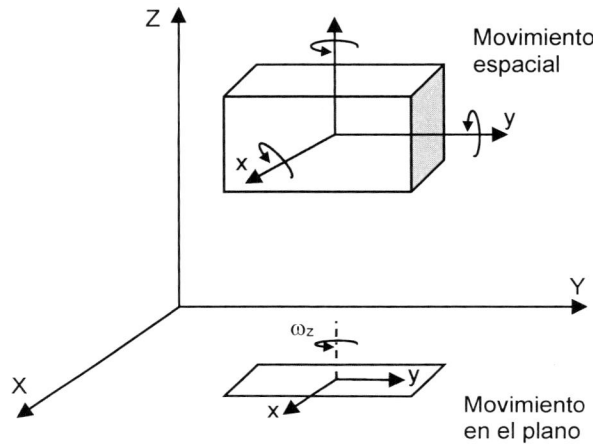

Figura 2.1. Movimiento de rotación en espacio y en el plano. Fuente: elaboración propia

La Figura 2.2 muestra la conversión entre los sistemas de referencia cartesiano y polar, dadas por las expresiones:

$$OA_x = R_{OA} \cos \theta_{OA}$$
$$OA_y = R_{OA} \operatorname{sen} \theta_{OA}$$

Ecuación 2.1

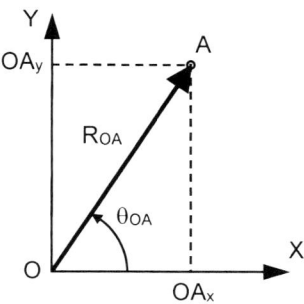

Figura 2.2. Sistema de referencia cartesiano y polar. Fuente: elaboración propia

Los tipos de movimiento que puede realizar un sólido en un sistema plano son: translación, rotación y movimiento plano general. Veamos cuáles son las expresiones que definen la cinemática de cada uno de estos movimientos. (Reino Flores & Galán Marín, 2020)

2.1.2. Cinemática del punto en movimiento de translación

Este caso se presenta cuando la trayectoria que describe cualquier línea de unión de dos puntos que pertenecen al sólido mantiene su dirección a lo largo del recorrido. Atendiendo a la naturaleza del movimiento, se puede presentar una translación rectilínea, en la que se describe una línea recta, o bien, un movimiento de translación curvilínea, en la que los puntos describen una trayectoria generalizada. (Jiménez Sáez et al., 2024)

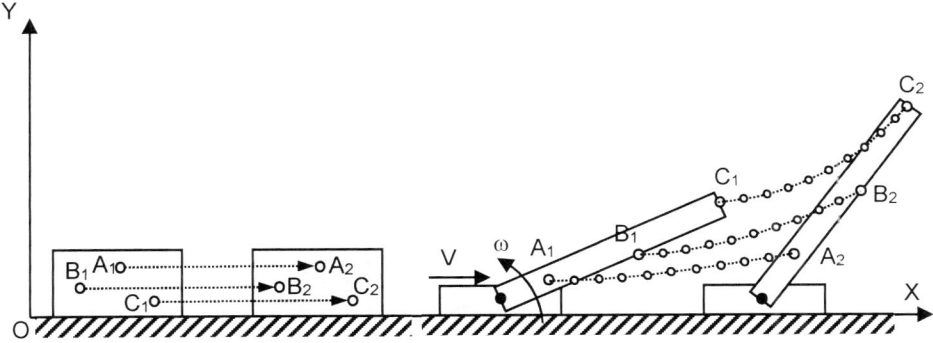

Figura 2.3. Movimiento de translación rectilínea y curvilínea. Fuente: elaboración propia

Considérese la translación curvilínea de los puntos A y B que en el instante *t* ocupa la posición 1 y que en el instante *t* +Δt pasan a ocupar la posición 2, Figura 2.4, en la que las posiciones absolutas de los puntos en cada instante son R_A y R_B, y las distancias relativas de cada punto son ΔR_A y ΔR_B. El recorrido efectuado por el punto B puede relacionarse con el recorrido realizado por el punto A más un recorrido adicional R_{AB} hasta obtener el destino final para B, punto B_2. Con ello, se pueden relacionar las distancias relativas entre estos puntos, resultando (Simón Mata et al., 2009):

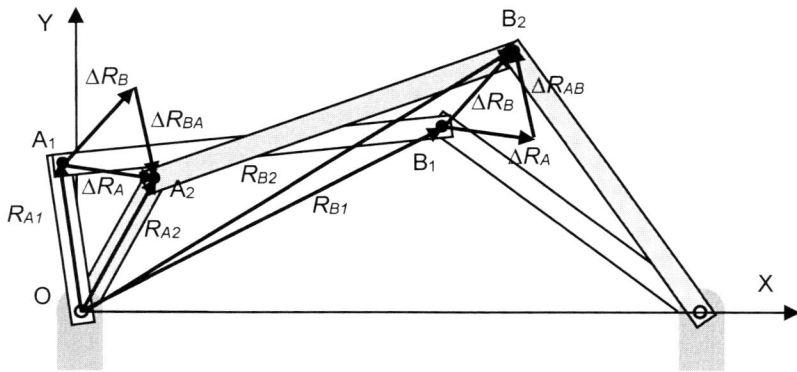

Figura 2.4. Translación curvilínea entre dos puntos. Fuente: elaboración propia

$$\Delta \vec{R}_B = \Delta \vec{R}_A + \Delta \vec{R}_{AB}$$ **Ecuación 2.2**

También puede obtenerse una expresión similar para el recorrido del punto A:

$$\Delta \vec{R}_A = \Delta \vec{R}_B + \Delta \vec{R}_{BA}$$ **Ecuación 2.3**

De estas expresiones se determina que ΔR_{BA} corresponde al mismo vector que ΔR_{AB}, pero orientado en sentido contrario. La nomenclatura que se emplea para relacionar estos dos puntos también puede expresarse respecto de un observador virtual ubicado en el punto A, por lo que también se expresa como $R_{B/A}$, quedando:

$$\Delta \vec{R}_{B/A} = \Delta \vec{R}_{AB} = -\Delta \vec{R}_{BA}$$ **Ecuación 2.4**

Con lo cual, la expresión que relaciona el recorrido arbitrario de dos puntos es:

$$\Delta \vec{R}_B = \Delta \vec{R}_A + \Delta \vec{R}_{B/A}$$ **Ecuación 2.5**

Derivando con respecto al tiempo y tomando instantes infinitesimales, se determina la condición que relaciona las velocidades relativas entre dos puntos.

$$\frac{d}{dt} \vec{R}_B = \frac{d}{dt} \vec{R}_A + \frac{d}{dt} \vec{R}_{B/A}$$ **Ecuación 2.6**

Es decir, la velocidad absoluta de un punto, $\vec{V}_B$, puede determinarse a partir de la velocidad absoluta de un punto de referencia A, $\vec{V}_A$, y de la velocidad relativa del segundo punto respecto de un observador en el punto A, $\vec{V}_{B/A}$:

$$\vec{V}_B = \vec{V}_A + \vec{V}_{B/A}$$ **Ecuación 2.7**

Derivando nuevamente respecto al tiempo se determina la expresión que relaciona las aceleraciones absolutas entre estos puntos:

$$\vec{A}_B = \vec{A}_A + \vec{A}_{B/A}$$ **Ecuación 2.8**

De igual modo que ocurre con la distancia relativa entre puntos, también se cumple que la velocidad y aceleración relativa entre dos puntos son iguales y de sentido contrario, cambiando el punto de vista del observador virtual, es decir:

$$\vec{V}_{B/A} = \vec{V}_{AB} = -\vec{V}_{BA}$$ **Ecuación 2.9**

$$\vec{A}_{B/A} = \vec{A}_{AB} = -\vec{A}_{BA}$$ **Ecuación 2.10**

Esta componente relativa de la aceleración se desarrollará con detalle en el Apartado 2.1.6. Cinemática del punto en sistemas no inerciales sobre un movimiento general en el plano.

2.1.3. Cinemática del punto en movimiento de rotación

En este tipo de movimiento, todos los puntos del sólido describen trayectorias circulares alrededor de un eje de rotación, y, por lo tanto, estarán contenidas en planos paralelos, cuyo versor director estará alineado con el eje de rotación.

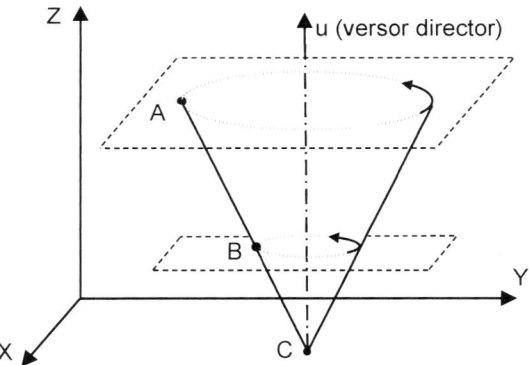

Figura 2.5. Movimiento de rotación. Fuente: elaboración propia

La Figura 2.6 muestra la trayectoria δ que describe el punto A en una rotación alrededor del eje Z, manteniendo una distancia constante con O, indicada mediante R_A, para pasar del punto A_1 en el instante t, al punto A_2 en el instante $t+\Delta t$.

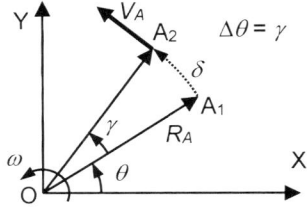

Figura 2.6. Velocidad de un punto en trayectoria angular. Fuente: elaboración propia

Si se consideran puntos en instantes infinitesimales, la variación del arco δ con respecto al tiempo, determina la velocidad instantánea del punto A y viene dada por la expresión:

$$V_A = \frac{d\delta}{dt} = \frac{d}{dt}\left(R_A \cdot \gamma\right) = \frac{d}{dt}\left(R_A\right)\gamma + R_A \cdot \frac{d}{dt}\gamma = 0 + R_A \cdot \frac{d}{dt}\gamma \qquad \text{Ecuación 2.11}$$

dado que la distancia R_A permanece invariable y considerando que $\dfrac{d\gamma}{dt} = \omega$, siendo ω la velocidad angular, resulta:

$$V_A = R_A \cdot \omega \qquad \text{Ecuación 2.12}$$

La dirección de este vector queda determinada por la definición de producto vectorial:

$$\vec{V}_A = \vec{\omega} \wedge \vec{R}_A \qquad \text{Ecuación 2.13}$$

resultando un vector perpendicular tanto a $\vec{R}_A$ como a $\vec{\omega}$, y dado que ambos son ortogonales, $\vec{V}_A$ estará contenida en el plano que contiene la trayectoria del movimiento y al vector $\vec{R}_A$.

La aceleración de un punto representa el cambio de la velocidad por unidad de tiempo. Considérese el caso de la Figura 2.7 en la que el punto P describe una trayectoria circular alrededor del punto O con una distancia R_P. La rotación se produce con una velocidad angular de giro ω y aceleración angular α.

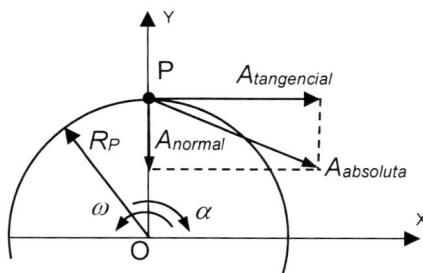

Figura 2.7. Aceleración de un punto en trayectoria angular. Fuente: elaboración propia

La aceleración se podrá obtener derivando la expresión de la velocidad, Ecuación 2.13, particularizada para el punto P:

$$\vec{A}_P = \frac{d}{dt}\vec{V}_P = \frac{d}{dt}(\vec{\omega} \wedge \vec{R}_P) = \frac{d}{dt}\vec{\omega} \wedge \vec{R}_P + \vec{\omega} \wedge \frac{d}{dt}\vec{R}_P \qquad \text{Ecuación 2.14}$$

La aceleración angular está definida por $\vec{\alpha} = \dfrac{d}{dt}\vec{\omega}$ y, considerando la condición $\vec{V}_P = \vec{\omega} \wedge \vec{R}_P$, queda:

$$\vec{A}_P = \frac{d}{dt}\vec{V}_P = \vec{\omega} \wedge (\vec{\omega} \wedge \vec{R}_P) + \vec{\alpha} \wedge \vec{R}_P = \vec{a}_P\big|_{normal} + \vec{a}_P\big|_{tangencial} \qquad \textbf{Ecuación 2.15}$$

El primero de los términos se corresponde con la componente centrípeta o componente normal, $\vec{a}_P\big|_{normal}$, que tiene la dirección del radio R y apunta al centro de giro O, y el segundo de los términos corresponde a la componente tangencial, $\vec{a}_P\big|_{tangencial}$, y es tangente a la trayectoria. Nótese que las direcciones vienen dadas por el resultado de los productos vectoriales, y que la dirección del vector normal no depende del sentido de giro de la velocidad de rotación, $\vec{\omega}$. La componente normal representa la rapidez con que cambia su velocidad. En el caso de que la velocidad de rotación sea constante, la aceleración angular es nula, $\alpha = 0$, por lo que no aparecerá la componente tangencial, $\vec{a}_P\big|_{tangencial} = 0$. El módulo de la componente normal $\vec{a}_P\big|_{normal}$ puede reescribirse del siguiente modo:

$$\left|\vec{a}_P\big|_{normal}\right| = \left|\vec{\omega} \wedge (\vec{\omega} \wedge \vec{R}_P)\right| = R_P \cdot \omega^2 = \frac{V_P^2}{R_P} \qquad \textbf{Ecuación 2.16}$$

La componente tangencial tendrá la dirección ortogonal al radio, Ecuación 2.15 y el sentido vendrá dado por la regla de la mano derecha, en el que, marcando con el pulgar la dirección de ω, los dedos muestran el giro del punto sobre el plano que contiene de movimiento. El módulo se podrá obtener mediante:

$$\left|\vec{a}_P\big|_{tangencial}\right| = \left|\vec{\alpha} \wedge \vec{R}_P\right| = \alpha \cdot R_P \qquad \textbf{Ecuación 2.17}$$

El criterio que se considera de forma generalizada para la velocidad y aceleración angulares es: valor positivo para un giro anti horario y negativo en caso contrario.

2.1.4. Cinemática del punto en movimiento general plano

Representa el caso genérico de un movimiento en el plano y corresponde a una combinación de los dos movimientos anteriores. La Figura 2.8 ilustra una translación con trayectoria curvilínea hasta la posición 2, y una rotación alrededor del eje que pasa por B_2 para obtener la posición final: posición 3. Este ejemplo ilustra el cambio de posición de forma genérica en el espacio, es decir, una translación más una rotación (Jiménez Sáez et al., 2024):

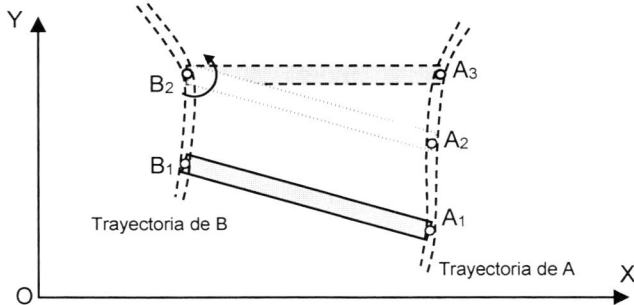

Figura 2.8. Movimiento general de translación y rotación. Fuente: elaboración propia

Partiendo de la imagen anterior se puede considerar el caso de un sólido rígido que describe un movimiento general en el plano, como en la Figura 2.9, en el que se muestra el cambio de posición de los puntos A y B desde una posición en el instante t_1 hasta una posición final en t_2 (Reino Flores & Galán Marín, 2020):

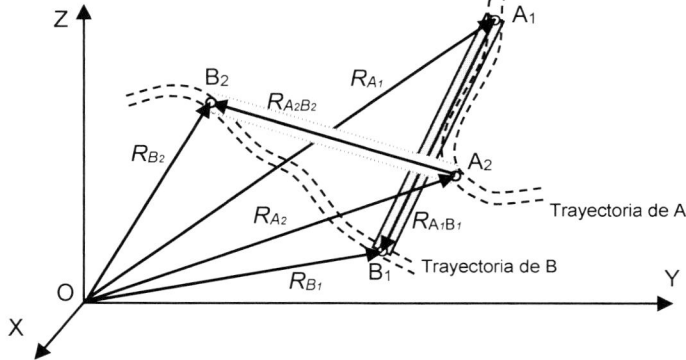

Figura 2.9. Movimiento plano general de un sólido rígido. Fuente: elaboración propia

La relación que existe entre los puntos A y B está dada por la expresión:

$$\vec{R}_B = \vec{R}_A + \vec{R}_{AB} = \vec{R}_A + \vec{R}_{B/A}$$ **Ecuación 2.18**

donde el término $\vec{R}_{B/A}$ es el vector de posición relativo del punto B, visto desde un observador ubicado en el punto A. Este término solo proporciona información de la posición inicial y final que ocupan estos puntos entre sí, pero no de la trayectoria que han seguido. (Simón Mata et al., 2009)

Derivándola respecto al tiempo, la relación de velocidades entre estos dos puntos resulta:

$$\frac{d}{dt}\vec{R}_B = \frac{d}{dt}\vec{R}_A + \frac{d}{dt}\vec{R}_{B/A}$$

$$\vec{V}_B = \vec{V}_A + \vec{V}_{B/A}$$

Teniendo en cuenta la Ecuación 2.13 y la Figura 2.6, en la que el punto A y O pueden ser sustituidos por los puntos B y A, respectivamente, desde la Figura 2.9 puede reescribirse de la forma:

$$\vec{V}_B = \vec{V}_A + \vec{V}_{B/A} = \vec{V}_A + \vec{\omega} \wedge \vec{R}_{B/A}$$

que corresponde con la ecuación vectorial que relaciona dos puntos de un mismo elemento. Es decir, la velocidad absoluta del punto B, $\vec{V}_B$, se obtiene a partir de la velocidad absoluta de un punto del elemento, punto A con $\vec{V}_A$, sumando la velocidad relativa, $\vec{V}_{B/A}$, con la que se mueve el punto B respecto de un observador virtual colocado en A. Representa, por tanto, la suma de un movimiento general para el punto A más un movimiento relativo de rotación de B respecto a A. Esto es coincidente con el movimiento que representa la Figura 2.8, en que simultáneamente se ha producido un cambio de la posición y un giro, entre dos instantes de tiempo.

Derivando nuevamente se obtendrá la expresión análoga para las aceleraciones:

$$\vec{A}_B = \frac{d}{dt}\vec{V}_B = \vec{A}_A + \vec{\alpha} \wedge \vec{R}_{AB} + \vec{\omega} \wedge (\vec{\omega} \wedge \vec{R}_{AB}) = \vec{A}_A + \vec{a}_P\big|_{tangencial} + \vec{a}_P\big|_{normal}$$

Esta expresión mantiene la estructura de la composición de distancias y de velocidades vistas hasta ahora:

$$\vec{A}_B = \vec{A}_A + \vec{A}_{B/A}$$

Sobre esta igualdad cabe matizar que corresponde a un sistema en el que los puntos A y B no cambian su distancia relativa. Sin embargo, en el caso más general se puede producir un movimiento relativo entre puntos, es decir, una velocidad relativa $\vec{V}_{B/A}$ entre los dos puntos, y también que esté afectada de una rotación angular $\vec{\omega}$ del sistema. En tal caso, como se detalla más adelante en el Apartado 2.1.6 Cinemática del punto en sistemas no inerciales, se genera una componente adicional, denominada aceleración de Coriolis.

2.1.5. Teorema de las velocidades proyectadas

En un cuerpo rígido todos los puntos mantienen las distancias relativas constantes entre todos ellos. Esto corresponde a la condición geométrica de rigidez, Figura 2.10.

$$\left|\vec{R}_{AB}\right| = cte$$

Esta limitación también debe estar presente en el caso de un análisis de velocidades, pasando a denominarse condición cinemática de rigidez. Para que en un movimiento general de un sólido rígido en el plano, dos puntos A y B de un elemento indeformable, Figura 2.10, mantengan la distancia relativa entre ambos, se ha de cumplir el Teorema de las velocidades proyectadas –también puede encontrarse en la bibliografía como condición cinemática de rigidez (Jiménez Sáez et al., 2024)– en la que las velocidades de estos dos puntos del objeto han de tener las mismas velocidades en la línea que les une. Es decir, que los dos puntos tienen la misma velocidad a lo largo de la línea de acción que los une.

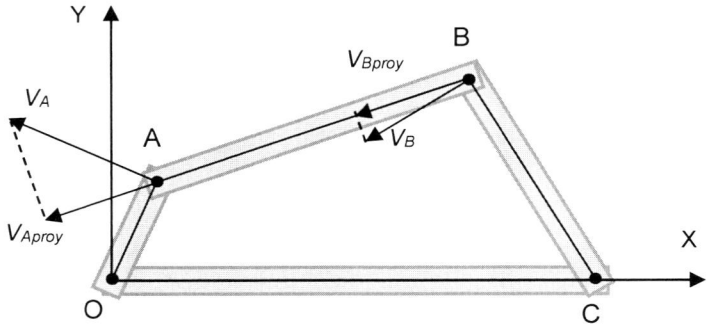

Figura 2.10. Condición cinemática de rigidez. Fuente: elaboración propia

$$\vec{V}_{Aproy} = \vec{V}_{Bproy}$$ **Ecuación 2.25**

La aplicación del Teorema de las velocidades proyectadas es útil en la resolución cinemática de mecanismos, ya que, conocidas las velocidades de dos puntos, A y B en Figura 2.11, puede determinarse la de un tercero, punto C, a partir de las velocidades proyectadas entre este punto y los otros dos. (Calero Pérez & Carta González, 1998)

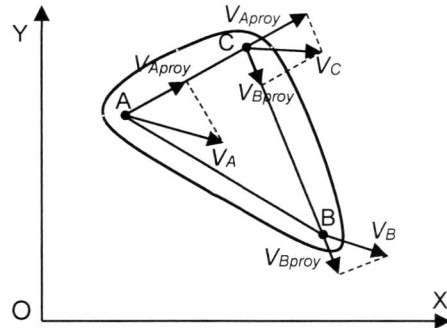

Figura 2.11. Aplicación del Teorema de las velocidades proyectadas.
Fuente: elaboración propia

Esta propiedad también puede emplearse en el estudio de mecanismos como una condición adicional de ayuda en la resolución de la cinemática por métodos gráficos, o también a modo de comprobación de los resultados gráficos obtenidos.

2.1.6. Cinemática del punto en sistemas no inerciales

En el estudio de mecanismos planos, generalmente, el movimiento se realiza en el plano. Véase el caso mostrado en la Figura 2.12, formado por la corredera, elemento 3, que desliza alejándose del origen sobre el elemento 2, y que éste gira alrededor del punto de articulación O. El punto A modifica las coordenadas absolutas XYZ mediante dos movimientos independientes. Por un lado, el giro del elemento 2 genera un movimiento de arrastre, y por otro un movimiento relativo del elemento 3 deslizando sobre el elemento 2, representados en la Figura 2.12.

Tómese un punto de referencia, punto M, solidario con el elemento 2 y que no cambia su posición relativa respecto al origen. La descomposición de las velocidades del punto A se podrá representar mediante los vectores indicados.

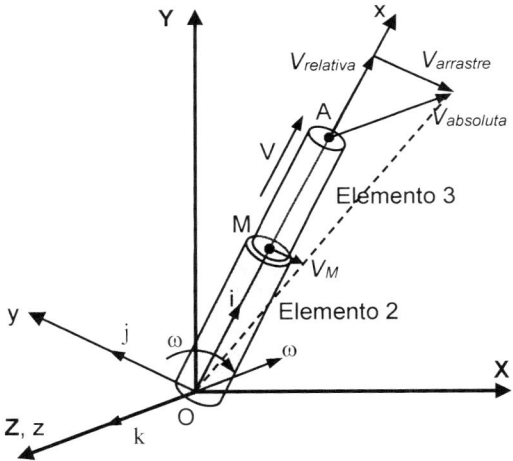

Figura 2.12. Velocidades en un actuador telescópico: movimiento lineal combinado con rotación. Fuente: elaboración propia

$$\vec{V}_A\Big|_{abs} = \vec{V}_A\Big|_{arrastre} + \vec{V}_A\Big|_{relativa} = \vec{V}_A\Big|_{barra2} + \vec{V}_A\Big|_{barra3/2} \qquad \textbf{Ecuación 2.26}$$

La componente relativa $\vec{V}_A\Big|_{barra3/2}$ viene dada por la rapidez con la que se mueve el punto A respecto de O, perteneciendo al elemento 2, que en este caso se ha representado alejándose. La componente de arrastre se puede determinar a partir de la Ecuación 2.13, ya que representa una rotación pura alrededor del punto de giro O:

$$\vec{V}_A\Big|_{arrastre} = \vec{\omega} \wedge \vec{R}_{OA}$$ **Ecuación 2.27**

Con respecto a las aceleraciones del punto A, el movimiento lineal del elemento 3 sobre el 2, dispondrá de una aceleración alineada con la barra, que se considera en este caso alejándose del punto O, y además el movimiento de rotación de la barra 2, Figura 2.7 y Ecuación 2.15, generando a su vez dos componentes: una ortogonal debida al giro y otra normal que apunta al centro de rotación. Es decir, en el sistema se tienen dos aceleraciones alineadas con el radio de giro y una ortogonal. Por otro lado, la combinación de una rotación en un sistema de coordenadas fijo XY y de un movimiento lineal en un sistema de referencia móvil xy del elemento 3 deslizando sobre el elemento 2, provoca la aparición de una nueva aceleración, la aceleración de Coriolis, que se añade a las anteriormente descritas.

Para la obtención de las expresiones cinemáticas, hasta ahora se han considerado sistemas inerciales, es decir, un observador virtual ubicado en el sistema de referencia inmóvil XY. Sin embargo, en el caso de considerar sistemas no inerciales, esto es, referenciado a un sistema de referencia xy que cambia su posición respecto de un sistema global inmóvil XY, aparecen efectos que no pueden pasarse por alto. Veamos cómo afecta esto para determinar la aceleración en sistemas no inerciales para un observador virtual que se mueve con la corredera, elemento 3 en la Figura 2.12.

Supóngase, Figura 2.12, que el punto A pertenece a un sistema inercial XYZ inmóvil y también al sistema no inercial xyz, que coinciden en ambos orígenes. El sistema xyz gira con velocidad angular en el eje Z del sistema inercial fijo, $\vec{\omega} = \omega\vec{k}$.

En cada eje del sistema de referencia no inercial xyz se tienen los vectores unitarios $\vec{i}, \vec{j}, \vec{k}$, que representan los vectores directores de módulo unitario de los ejes xyz, respectivamente. Obsérvese que en la Figura 2.12, el movimiento de la deslizadera se encuentra alineado con el eje x, es decir, el versor $\vec{i}$ indica la dirección del recorrido.

Puesto que el movimiento de la deslizadera provoca un movimiento del sistema no inercial, es necesario determinar la variación con el tiempo de los versores unitarios móviles, y referenciarlos respecto el sistema de coordenadas fijo. En un instante de tiempo infinitesimal, se habrá producido un giro de valor $d\theta$: considérese en la Figura 2.13 un ángulo θ infinitamente pequeño de valor $\theta \cong d\theta$. En el movimiento de giro efectuado por los ejes XYZ a la nueva posición xyz, Figura 2.13, la variación con respecto al tiempo del vector unitario $\vec{i}$ –véase el concepto de derivada– representa el cambio de posición del extremo del vector y viene dada por:

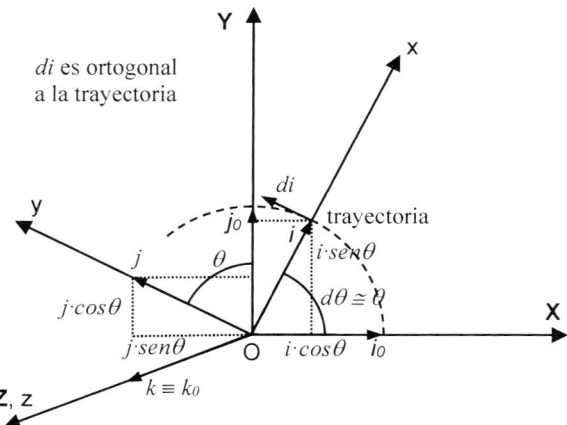

Figura 2.13. Sistema inercial y versores en sistema no inercial. Fuente: elaboración propia

$$d\vec{i} = \left|\vec{i}\right| d\theta \cdot \vec{j} = 1 \cdot d\theta \cdot \vec{j} = d\theta \cdot \vec{j} \qquad \text{Ecuación 2.28}$$

La expresión anterior se justifica considerando que el módulo, $\left|d\vec{i}\right|$, puede expresarse como el arco descrito por este, véase Figura 2.14 para facilitar la comprensión, es decir, radio de acción multiplicado por el ángulo, $\left|d\vec{i}\right| = d\theta \cdot \vec{i}$. Al ser un versor unitario se cumple que $\left|\vec{i}\right| = 1$.

Con respecto a la dirección, considérese el caso expuesto anteriormente en la Figura 2.6, en el que, a partir de la definición de la derivada de un vector, éste se representa por el vector ortogonal al vector que se quiere derivar. Esto es, el vector y su derivada son siempre ortogonales. Así pues, dado que, en una derivada, el giro es infinitesimal, la longitud del arco δ que describe un vector, Figura 2.14, puede ser tomada como la que representaría una línea recta, ξ. Es decir, $\delta \equiv \xi$ y tomando instantes de tiempo infinitamente próximos, la dirección del vector $d\vec{i}$ será prácticamente coincidente con el versor $\vec{j}$, es decir, se corresponderá con el vector ortogonal a $\vec{i}$.

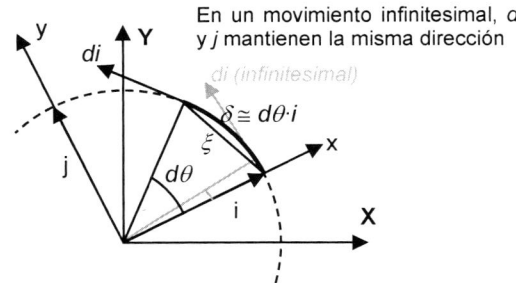

Figura 2.14. Aproximación entre arco y longitud en un movimiento infinitesimal.
Fuente: elaboración propia

Dividiendo cada miembro por la derivada del tiempo, y considerando que $\omega = \dfrac{d\theta}{dt}$, la derivada de $\vec{i}$ resulta:

$$d\vec{i} \approx \frac{d\vec{i}}{dt} = \frac{d\theta \cdot \vec{j}}{dt} = \frac{d\theta}{dt} \cdot \vec{j} = \omega \cdot \vec{j} \qquad \text{Ecuación 2.29}$$

Observando la dirección de los vectores $\vec{\omega} = \omega \vec{k}$ y el versor $\vec{i} = 1 \cdot \vec{i}$, se puede concluir que:

$$d\vec{i} = \vec{\omega} \wedge \vec{i} = \omega \vec{k} \wedge 1 \cdot \vec{i} \qquad \text{Ecuación 2.30}$$

Y, análogamente para el resto de versores unitarios quedará:

$$d\vec{j} = \vec{\omega} \wedge \vec{j}$$
$$d\vec{k} = \vec{\omega} \wedge \vec{k} \qquad \text{Ecuación 2.31}$$

A este razonamiento también se puede llegar expresando los versores del sistema móvil respecto del sistema cartesiano fijo. (Reino Flores & Galán Marín, 2020). Es decir, proyectando los versores móviles $\vec{i}$, $\vec{j}$ en los ejes del plano XY, véase Figura 2.13, la contribución de cada uno en los versores fijos $\vec{i}_0$, $\vec{j}_0$ resulta:

$$\vec{i} = \cos\theta \cdot \vec{i}_0 + \mathrm{sen}\,\theta \cdot \vec{j}_0 \qquad \text{Ecuación 2.32}$$
$$\vec{j} = -\mathrm{sen}\,\theta \cdot \vec{i}_0 + \cos\theta \cdot \vec{j}_0 \qquad \text{Ecuación 2.33}$$

Derivando con respecto al tiempo estas expresiones, y teniendo en cuenta que θ cambia también con el tiempo y que los versores son idénticos en cada sistema de referencia, es decir, $\vec{i}_0 = \vec{i}$ y $\vec{j}_0 = \vec{j}$ se obtiene:

$$\frac{d}{dt}\vec{i} = \frac{d}{dt}(\cos\theta \cdot \vec{i}_0 + \mathrm{sen}\,\theta \cdot \vec{j}_0) =$$

$$= \frac{d}{dt}(\cos\theta) \cdot \vec{i}_0 + \cos\theta \frac{d}{dt}\vec{i}_0 + \frac{d}{dt}(\mathrm{sen}\,\theta) \cdot \vec{j}_0 + \mathrm{sen}\,\theta \cdot \frac{d}{dt}\vec{j}_0$$

$$\text{Ecuación 2.34}$$

$$\frac{d}{dt}\vec{j} = \frac{d}{dt}(-\text{sen}\,\theta\cdot\vec{i}_0 + \cos\theta\cdot\vec{j}_0) =$$

Ecuación 2.35

$$= \frac{d}{dt}(-\text{sen}\,\theta)\cdot\vec{i}_0 - \text{sen}\,\theta\frac{d}{dt}\vec{i}_0 + \frac{d}{dt}(\cos\theta)\cdot\vec{j}_0 + \cos\theta\cdot\frac{d}{dt}\vec{j}_0$$

Dado que los versores mantienen el módulo con el tiempo se tiene:

$$\frac{d}{dt}\vec{i} = -\text{sen}\,\theta\cdot\frac{d}{dt}\theta\cdot\vec{i}_0 + \cos\theta\cdot\frac{d}{dt}\theta\cdot\vec{j}_0 = \left(-\text{sen}\,\theta\cdot\vec{i}_0 + \cos\theta\cdot\vec{j}_0\right)\frac{d}{dt}\theta = \vec{j}\frac{d}{dt}\theta \qquad \textbf{Ecuación 2.36}$$

$$\frac{d}{dt}\vec{j} = -\cos\theta\cdot\frac{d}{dt}\theta\cdot\vec{i}_0 - \text{sen}\,\theta\cdot\frac{d}{dt}\theta\cdot\vec{j}_0 = \left(-\cos\theta\cdot\vec{i}_0 - \text{sen}\,\theta\cdot\vec{j}_0\right)\frac{d}{dt}\theta = -\vec{i}\frac{d}{dt}\theta \qquad \textbf{Ecuación 2.37}$$

Este resultado corresponde con el producto vectorial de la velocidad angular por el versor:

$$\frac{d}{dt}\vec{i} = \frac{d}{dt}\theta \wedge \vec{i}$$

Ecuación 2.38

$$\frac{d}{dt}\vec{j} = \frac{d}{dt}\theta \wedge \vec{j}$$

Ecuación 2.39

Una vez que se han obtenido las expresiones para determinar $\frac{d}{dt}\vec{i}$ y $\frac{d}{dt}\vec{j}$ puede continuarse con el estudio. Retomando nuevamente el ejemplo de la Figura 2.12, el vector de posición del punto A respecto de O en el sistema no inercial xyz puede expresarse mediante sus coordenadas absolutas y relativas:

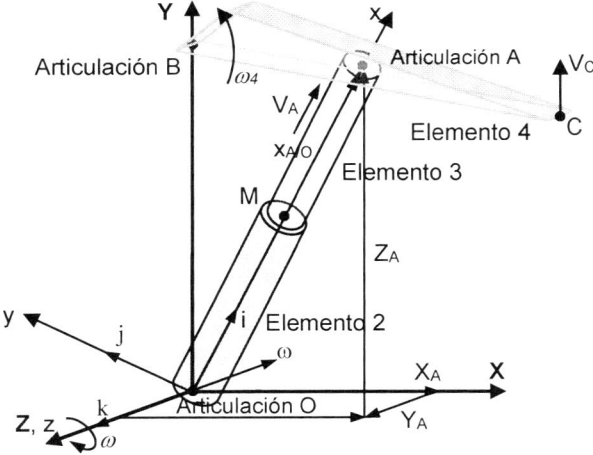

Figura 2.15. Coordenadas del punto A en sistema no inercial. Fuente: elaboración propia

$$\vec{R}_{A/O} = x_{A/O}\vec{i} + y_{A/O}\vec{j} + z_{A/O}\vec{k}$$

Ecuación 2.40

Teniendo en cuenta que el punto A solamente se mueve en el eje x, para simplificar la nomenclatura se puede considerar que su coordenada es $x_{A/O}\vec{i} \equiv x\vec{i}$ y, sin pérdida de generalidad en el desarrollo matemático, se puede considerar también el caso del resto de sus coordenadas, $y_{A/O}\vec{i} \equiv y\vec{i}$ y $z_{A/O}\vec{i} \equiv z\vec{i}$, por lo que el vector genérico con sus tres coordenadas cartesianas queda de la forma:

$$\vec{R}_{A/O} = x\vec{i} + y\vec{j} + z\vec{k}$$
Ecuación 2.41

Antes de avanzar en el desarrollo para el cálculo de las velocidades y aceleraciones del punto A, es necesario tener en cuenta algunas consideraciones respecto a los vectores de posición y de los puntos A y M entre sí.

Sea el esquema genérico de los puntos anteriores, A y M, representados en la Figura 2.16, en el que se referencian respecto a un sistema de coordenadas relativo xyz y también en un sistema absoluto XYZ. La posición del punto A en el sistema relativo se puede expresar respecto al sistema inercial absoluto mediante la composición de distancias:

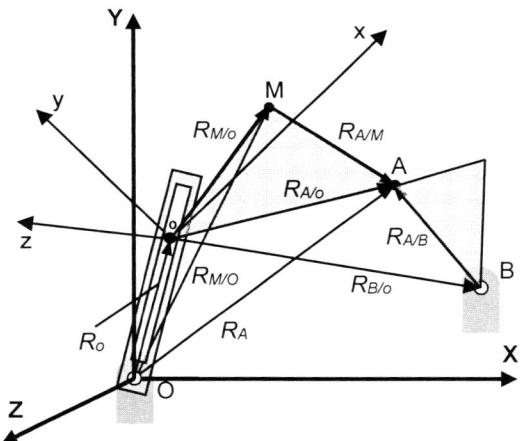

Figura 2.16. Vectores de posición en sistemas inerciales y no inerciales.
Fuente: elaboración propia

$$\vec{R}_A = \vec{R}_o + \vec{R}_{A/o}$$
Ecuación 2.42

$$\vec{R}_{A/o} = \vec{R}_{M/o} + \vec{R}_{A/M}$$
Ecuación 2.43

Y derivándolas con respecto al tiempo:

$$\vec{V}_A = \vec{V}_o + \vec{V}_{A/o}$$
Ecuación 2.44

$$\vec{V}_{A/o} = \vec{V}_{M/o} + \vec{V}_{A/M}$$
Ecuación 2.45

Por lo que combinando ambas expresiones:

$$\vec{V}_A = \vec{V}_o + \vec{V}_{M/o} + \vec{V}_{A/M}$$

Ecuación 2.46

Identificando estos puntos en el esquema que se está estudiando, Figura 2.12, en el que el origen de los sistemas es coincidente, lo que implica que $\vec{V}_o = \vec{V}_O = 0$, se concluye que la velocidad de A en el sistema móvil xyz se puede descomponer como suma de dos velocidades. Por un lado $\vec{V}_{A/M}$ que representa el movimiento lineal de la deslizadera sobre el elemento 2 y, por otro lado, $\vec{V}_{M/o} = \vec{V}_{M/O}$, que representa la velocidad dada por la rotación angular del elemento 2. Esto se corresponde con la descomposición de velocidades que se había obtenido hasta ahora con los sistemas inerciales y que se reproduce nuevamente:

$$\vec{V}_A = \vec{V}_{M/O} + \vec{V}_{A/M}$$

Ecuación 2.47

Continuando con el desarrollo, retomando la Ecuación 2.41, dado que los ejes xyz son móviles, la velocidad relativa se obtendrá derivándola respecto al tiempo:

$$\vec{V}_{A/O} = \frac{d}{dt}\vec{R}_{A/O} = \frac{dx}{dt}\cdot\vec{i} + x\frac{d\vec{i}}{dt} + \frac{dy}{dt}\cdot\vec{j} + y\frac{d\vec{j}}{dt} + \frac{dz}{dt}\cdot\vec{k} + z\frac{d\vec{k}}{dt}$$

Ecuación 2.48

Reestructurando esta expresión:

$$\vec{V}_{A/O} = \frac{dx}{dt}\cdot\vec{i} + \frac{dy}{dt}\cdot\vec{j} + \frac{dz}{dt}\cdot\vec{k} + x\frac{d\vec{i}}{dt} + y\frac{d\vec{j}}{dt} + z\frac{d\vec{k}}{dt}$$

Ecuación 2.49

Por simplicidad se va a considerar que los términos de velocidad pueden expresarse como $\dot{x} = \frac{dx}{dt}$, $\dot{y} = \frac{dy}{dt}$ y $\dot{z} = \frac{dz}{dt}$, notación simplificada que es empleada de forma habitual en física y en ingeniería mecánica. Además, reemplazando las expresiones deducidas anteriormente en Ecuación 2.30 y Ecuación 2.31 queda:

$$\vec{V}_{A/O} = \dot{x}\cdot\vec{i} + \dot{y}\cdot\vec{j} + \dot{z}\cdot\vec{k} + x\cdot(\vec{\omega}\wedge\vec{i}) + y\cdot(\vec{\omega}\wedge\vec{j}) + z\cdot(\vec{\omega}\wedge\vec{k})$$

Ecuación 2.50

Aprovechando la propiedad del producto vectorial en la que pueden cambiarse los vectores de la forma: $\vec{A}\wedge\vec{B} = \vec{B}\wedge\vec{A}$, y permutando el término $\vec{\omega}$ en cada sumando y sacando factor común:

$$\vec{V}_{A/O} = \dot{x}\cdot\vec{i} + \dot{y}\cdot\vec{j} + \dot{z}\cdot\vec{k} + \vec{\omega}\wedge(x\cdot\vec{i}) + \vec{\omega}\wedge(y\cdot\vec{j}) + \vec{\omega}\wedge(z\cdot\vec{k})$$

Ecuación 2.51

$$\vec{V}_{A/O} = \dot{x}\cdot\vec{i} + \dot{y}\cdot\vec{j} + \dot{z}\cdot\vec{k} + \vec{\omega}\wedge(x\cdot\vec{i} + y\cdot\vec{j} + z\cdot\vec{k})$$

Ecuación 2.52

Correlacionando e identificando los términos de la Ecuación 2.47, se ha obtenido que, en la Ecuación 2.52, los tres primeros términos corresponden a la variación lineal de la distancia sobre el elemento 2, es decir, la velocidad relativa aparente del punto A respecto del punto M, $\vec{V}_{A/M}$, mientras que los tres últimos muestran la velocidad de rotación que experimenta el punto M, $\vec{V}_{M/o}$, al girar el sistema no inercial, es decir:

$$\vec{V}_{A/M} = \dot{x}\cdot\vec{i} + \dot{y}\cdot\vec{j} + \dot{z}\cdot\vec{k}$$

Ecuación 2.53

$$\vec{V}_{M/O} = \vec{\omega} \wedge \left(x\cdot\vec{i} + y\cdot\vec{j} + z\cdot\vec{k} \right)$$ **Ecuación 2.54**

La rotación del elemento 2 permite expresar la velocidad de M como:

$$\vec{V}_{M/O} = \vec{\omega} \wedge \vec{R}_{A/O}$$ **Ecuación 2.55**

Y con todo ello, la velocidad del punto A es:

$$\vec{V}_{A/O} = \vec{V}_{A/M} + \vec{V}_{M/O} = \vec{V}_{A/M} + \vec{\omega} \wedge \vec{R}_{A/O}$$ **Ecuación 2.56**

es decir,

$$\vec{V}_{A}\Big|_{absoluta} = \vec{V}_{A}\Big|_{relativa}^{barra\,3/2} + \vec{V}_{A}\Big|_{rotación}^{barra\,2}$$ **Ecuación 2.57**

En el movimiento en el plano, el término producido por la rotación puede calcularse mediante:

$$V_{A}\Big|_{rotación}^{barra\,3} = \omega\cdot R_{OA}$$ **Ecuación 2.58**

cuya dirección es ortogonal al radio R_{OA} y el sentido viene dado por la regla de la mano derecha, o sacacorchos, en el que, marcando con el pulgar la dirección de la velocidad angular, los dedos indican el sentido de giro del punto A y, por tanto, la dirección y el sentido de su velocidad.

Considerando que en un caso genérico el punto de referencia O, Figura 2.12, y su equivalente en el punto o de la Figura 2.16 en sistemas no inerciales, puede tener movimiento, y cumpliendo con la composición de velocidades, quedaría:

$$\vec{V}_{A}\Big|_{absoluta} = \vec{V}_{O} + \vec{V}_{A}\Big|_{relativa}^{barra\,3/2} + \vec{V}_{A}\Big|_{rotación}^{barra\,2}$$ **Ecuación 2.59**

Derivando la expresión obtenida respecto del tiempo, Ecuación 2.56, se podrá determinar la aceleración, recordando la Ecuación 2.53 y Ecuación 2.54:

$$\vec{A}_{A/O} = \frac{d}{dt}\vec{V}_{A/O} = \frac{d\vec{V}_{A/M}}{dt} + \frac{d\vec{V}_{M/O}}{dt} = \vec{A}_{A/M} + \vec{A}_{M/O}$$ **Ecuación 2.60**

$$\vec{A}_{A/M} = \frac{d}{dt}\vec{V}_{A/M} = \frac{d\dot{x}}{dt}\vec{i} + \dot{x}\frac{d\vec{i}}{dt} + \frac{d\dot{y}}{dt}\cdot\vec{j} + \dot{y}\frac{d\vec{j}}{dt} + \frac{d\dot{z}}{dt}\cdot\vec{k} + \dot{z}\frac{d\vec{k}}{dt}$$ **Ecuación 2.61**

Las aceleraciones se pueden expresar en forma simplificada de la forma $\ddot{x} = \dfrac{d\dot{x}}{dt}$, $\ddot{y} = \dfrac{d\dot{y}}{dt}$ y $\ddot{z} = \dfrac{d\dot{z}}{dt}$ y, agrupando los términos se tiene:

$$\vec{A}_{A/M} = \ddot{x}\vec{i} + \ddot{y}\cdot\vec{j} + \ddot{z}\cdot\vec{k} + \dot{x}\frac{d\vec{i}}{dt} + \dot{y}\frac{d\vec{j}}{dt} + \dot{z}\frac{d\vec{k}}{dt}$$ **Ecuación 2.62**

Nuevamente, al igual que se ha realizado anteriormente, se pueden reemplazar las condiciones Ecuación 2.30 y Ecuación 2.31, reproducidas aquí por comodidad: $d\vec{i} = \vec{\omega} \wedge \vec{i}$, $d\vec{j} = \vec{\omega} \wedge \vec{j}$ y $d\vec{k} = \vec{\omega} \wedge \vec{k}$.

$$\vec{A}_{A/M} = \ddot{x}\vec{i} + \ddot{y}\cdot\vec{j} + \ddot{z}\cdot\vec{k} + \dot{x}(\vec{\omega} \wedge \vec{i}) + \dot{y}(\vec{\omega} \wedge \vec{j}) + \dot{z}(\vec{\omega} \wedge \vec{k})$$ **Ecuación 2.63**

por lo que, reestructurando los productos vectoriales:

$$\vec{A}_{A/M} = \ddot{x} \cdot \vec{i} + \ddot{y} \cdot \vec{j} + \ddot{z} \cdot \vec{k} + \vec{\omega} \wedge \left(\dot{x} \cdot \vec{i} \right) + \vec{\omega} \wedge \left(\dot{y} \cdot \vec{j} \right) + \vec{\omega} \wedge \left(\dot{z} \cdot \vec{k} \right)$$ **Ecuación 2.64**

Factorizando, en la segunda parte de la ecuación, los términos que dependen de $\vec{\omega}$:

$$\vec{A}_{A/M} = \ddot{x} \cdot \vec{i} + \ddot{y} \cdot \vec{j} + \ddot{z} \cdot \vec{k} + \vec{\omega} \wedge \left(\dot{x} \cdot \vec{i} + \dot{y} \cdot \vec{j} + \dot{z} \cdot \vec{k} \right)$$ **Ecuación 2.65**

Con la expresión obtenida en la Ecuación 2.54 para la velocidad aparente entre M y O se puede trabajar con ella para cambiar su aspecto a un modo más apropiado. Aplicando la propiedad distributiva e intercambiando términos:

$$\vec{V}_{M/O} = \vec{\omega} \wedge \left(x \cdot \vec{i} + y \cdot \vec{j} + z \cdot \vec{k} \right) = \vec{\omega} \wedge x \cdot \vec{i} + \vec{\omega} \wedge y \cdot \vec{j} + \vec{\omega} \wedge z \cdot \vec{k}$$ **Ecuación 2.66**

$$\vec{V}_{M/O} = x \left(\vec{\omega} \wedge \vec{i} \right) + y \left(\vec{\omega} \wedge \vec{j} \right) + z \left(\vec{\omega} \wedge \vec{k} \right)$$ **Ecuación 2.67**

Derivando con respecto al tiempo se determinará la aceleración aparente del punto M respecto a O.

$$\vec{A}_{M/O} = \frac{d}{dt} \vec{V}_{M/O} = \frac{d}{dt} \left[x \left(\vec{\omega} \wedge \vec{i} \right) + y \left(\vec{\omega} \wedge \vec{j} \right) + z \left(\vec{\omega} \wedge \vec{k} \right) \right]$$ **Ecuación 2.68**

$$\vec{A}_{M/O} = \frac{dx}{dt} (\vec{\omega} \wedge \vec{i}) + x (\frac{d\vec{\omega}}{dt} \wedge \vec{i}) + x (\vec{\omega} \wedge \frac{d\vec{i}}{dt}) +$$

$$+ \frac{dy}{dt} (\vec{\omega} \wedge \vec{j}) + y (\frac{d\vec{\omega}}{dt} \wedge \vec{j}) + y (\vec{\omega} \wedge \frac{d\vec{j}}{dt}) +$$ **Ecuación 2.69**

$$+ \frac{dz}{dt} (\vec{\omega} \wedge \vec{k}) + z (\frac{d\vec{\omega}}{dt} \wedge \vec{k}) + z (\vec{\omega} \wedge \frac{d\vec{k}}{dt})$$

Teniendo en cuenta que $\dot{x} = \dfrac{dx}{dt}$, $\dot{y} = \dfrac{dy}{dt}$ y, $\dot{z} = \dfrac{dz}{dt}$ y que $\dot{\omega} = \dfrac{d\omega}{dt}$ representa la aceleración angular del elemento:

$$\vec{A}_{M/O} = \dot{x} (\vec{\omega} \wedge \vec{i}) + x (\dot{\vec{\omega}} \wedge \vec{i}) + x (\vec{\omega} \wedge \frac{d\vec{i}}{dt}) +$$

$$+ \dot{y} (\vec{\omega} \wedge \vec{j}) + y (\dot{\vec{\omega}} \wedge \vec{j}) + y (\vec{\omega} \wedge \frac{d\vec{j}}{dt}) +$$ **Ecuación 2.70**

$$+ \dot{z} (\vec{\omega} \wedge \vec{k}) + z (\dot{\vec{\omega}} \wedge \vec{k}) + z (\vec{\omega} \wedge \frac{d\vec{k}}{dt})$$

Permutando términos en los dos primeros productos vectoriales de cada componente queda:

$$\vec{A}_{M/O} = \vec{\omega}(\dot{x} \wedge \vec{i}) + \vec{\omega}(x \wedge \vec{i}) + x(\vec{\omega} \wedge \frac{d\vec{i}}{dt}) +$$

$$+ \vec{\omega}(\dot{y} \wedge \vec{j}) + \vec{\omega}(y \wedge \vec{j}) + y(\vec{\omega} \wedge \frac{d\vec{j}}{dt}) +$$

Ecuación 2.71

$$+ \vec{\omega}(\dot{z} \wedge \vec{k}) + \vec{\omega}(z \wedge \vec{k}) + z(\vec{\omega} \wedge \frac{d\vec{k}}{dt})$$

Y, retomando las expresiones Ecuación 2.30 y Ecuación 2.31 para las derivadas de los versores unitarios, y reorganizando términos, resulta:

$$\vec{A}_{M/O} = \vec{\omega} \wedge (\dot{x} \cdot \vec{i}) + \vec{\omega} \wedge (x \cdot \vec{i}) + x(\vec{\omega} \wedge \vec{\omega} \wedge \vec{i}) +$$

$$+ \vec{\omega} \wedge (\dot{y} \cdot \vec{j}) + \vec{\omega} \wedge (y \cdot \vec{j}) + y(\vec{\omega} \wedge \vec{\omega} \wedge \vec{j}) +$$

Ecuación 2.72

$$+ \vec{\omega} \wedge (\dot{z} \cdot \vec{k}) + \vec{\omega} \wedge (z \cdot \vec{k}) + z(\vec{\omega} \wedge \vec{\omega} \wedge \vec{k})$$

Factorizando y permutando términos en los últimos productos vectoriales de cada componente, puede simplificarse:

$$\vec{A}_{M/O} = \vec{\omega} \wedge (\dot{x} \cdot \vec{i} + \dot{y} \cdot \vec{j} + \dot{z} \cdot \vec{k}) + \vec{\omega} \wedge (x \cdot \vec{i}) + \vec{\omega} \wedge \vec{\omega} \wedge (x \cdot \vec{i}) +$$

$$+ \vec{\omega} \wedge (y \cdot \vec{j}) + \vec{\omega} \wedge \vec{\omega} \wedge (y \cdot \vec{j}) + \vec{\omega} \wedge (z \cdot \vec{k}) + \vec{\omega} \wedge \vec{\omega} \wedge (z \cdot \vec{k})$$

Ecuación 2.73

Por tanto, volviendo a la aceleración del punto A, Ecuación 2.60, y aplicando las expresiones obtenidas para $\vec{A}_{A/M}$ y $\vec{A}_{M/O}$, Ecuación 2.65 y Ecuación 2.73, que se repiten aquí nuevamente para facilitar la compresión, resulta:

$$\vec{A}_{A/O} = \vec{A}_{A/M} + \vec{A}_{M/O}$$

Ecuación 2.74

$$\vec{A}_{A/M} = \ddot{x} \cdot \vec{i} + \ddot{y} \cdot \vec{j} + \ddot{z} \cdot \vec{k} + \vec{\omega} \wedge (\dot{x}\vec{i} + \dot{y}\vec{j} + \dot{z}\vec{k})$$

Ecuación 2.75

$$\vec{A}_{M/O} = \vec{\omega} \wedge (\dot{x} \cdot \vec{i} + \dot{y} \cdot \vec{j} + \dot{z} \cdot \vec{k}) + \vec{\omega} \wedge (x \cdot \vec{i}) + \vec{\omega} \wedge \vec{\omega} \wedge (x \cdot \vec{i}) +$$

$$+ \vec{\omega} \wedge (y \cdot \vec{j}) + \vec{\omega} \wedge \vec{\omega} \wedge (y \cdot \vec{j}) + \vec{\omega} \wedge (z \cdot \vec{k}) + \vec{\omega} \wedge \vec{\omega} \wedge (z \cdot \vec{k})$$

Ecuación 2.76

Sustituyendo estas dos últimas expresiones en la Ecuación 2.74:

$$\vec{A}_{A/O} = \ddot{x} \cdot \vec{i} + \ddot{y} \cdot \vec{j} + \ddot{z} \cdot \vec{k} + \vec{\omega} \wedge (\dot{x}\vec{i} + \dot{y}\vec{j} + \dot{z}\vec{k}) +$$

$$+ \vec{\omega} \wedge (\dot{x} \cdot \vec{i} + \dot{y} \cdot \vec{j} + \dot{z} \cdot \vec{k}) + \vec{\omega} \wedge (x \cdot \vec{i}) + \vec{\omega} \wedge \vec{\omega} \wedge (x \cdot \vec{i}) +$$

$$+ \vec{\omega} \wedge (y \cdot \vec{j}) + \vec{\omega} \wedge \vec{\omega} \wedge (y \cdot \vec{j}) +$$

$$+ \vec{\omega} \wedge (z \cdot \vec{k}) + \vec{\omega} \wedge \vec{\omega} \wedge (z \cdot \vec{k})$$

Ecuación 2.77

Agrupando términos y factorizando se simplifica:

$$\vec{A}_{A/O} = \ddot{x} \cdot \vec{i} + \ddot{y} \cdot \vec{j} + \ddot{z} \cdot \vec{k} + 2 \cdot \vec{\omega} \wedge (\dot{x}\vec{i} + \dot{y}\vec{j} + \dot{z}\vec{k}) +$$

$$+ \vec{\omega} \wedge (x \cdot \vec{i} + y \cdot \vec{j} + z \cdot \vec{k}) + \vec{\omega} \wedge \vec{\omega} \wedge (x \cdot \vec{i} + y \cdot \vec{j} + z \cdot \vec{k})$$

Ecuación 2.78

en la que cada término corresponde a:

$$\vec{A}_{relativa} = \vec{A}_{A/M} = \ddot{x} \cdot \vec{i} + \ddot{y} \cdot \vec{j} + \ddot{z} \cdot \vec{k}$$ **Ecuación 2.79**

$$\vec{A}_{Coriolis} = 2 \cdot \vec{\omega} \wedge \left(\dot{x}\vec{i} + \dot{y}\vec{j} + \dot{z}\vec{k} \right) = 2 \cdot \vec{\omega} \wedge \dot{\vec{R}}_{A/M} = 2 \cdot \vec{\omega} \wedge \vec{V}_{A/M} = 2 \cdot \vec{\omega} \wedge \vec{V}_{relativa}$$ **Ecuación 2.80**

$$\vec{A}_{tangencial} = \dot{\vec{\omega}} \wedge (x \cdot \vec{i} + y \cdot \vec{j} + z \cdot \vec{k}) = \dot{\vec{\omega}} \wedge \vec{R}_{A/O}$$ **Ecuación 2.81**

$$\vec{A}_{normal} = \vec{\omega} \wedge \vec{\omega} \wedge (x \cdot \vec{i} + y \cdot \vec{j} + z \cdot \vec{k}) = \vec{\omega} \wedge \vec{\omega} \wedge \vec{R}_{A/O}$$ **Ecuación 2.82**

De todo ello resulta que la aceleración absoluta de A se expresa como una aceleración normal y tangencial, debidas al giro de arrastre del elemento 2, una aceleración relativa lineal en el deslizamiento del elemento 3 sobre el elemento 2, y, además, un término adicional que corresponde a la aceleración de Coriolis, como resultado del movimiento combinado de la velocidad relativa lineal de la corredera 3 sobre el elemento 2 y de la rotación de arrastre del elemento 3. Así pues, la expresión que relaciona las componentes de la aceleración absoluta del punto A mostrado en la Figura 2.12, es:

$$\vec{A}_{A/O} = \vec{A}_{A/M} + \vec{\omega} \wedge \vec{\omega} \wedge \vec{R}_{A/O} + \dot{\vec{\omega}} \wedge \vec{R}_{A/O} + 2 \cdot \vec{\omega} \wedge \vec{V}_{A/M}$$ **Ecuación 2.83**

que para el caso considerado en la Figura 2.15 puede reescribirse:

$$\vec{A}_A = \vec{A}_A \Big|_{relativa}^{barra\,3/2} + \vec{A}_A \Big|_{normal}^{barra\,2} + \vec{A}_A \Big|_{tangencial}^{barra\,2} + \vec{A}_A \Big|_{Coriolis}$$ **Ecuación 2.84**

Sea el caso genérico en que el punto O, Figura 2.12, puede estar en movimiento y presentar aceleración. La expresión de composición de aceleraciones Ecuación 2.23 resulta:

$$\vec{A}_A = \vec{A}_O + \vec{A}_A \Big|_{relativa}^{barra\,3/2} + \vec{A}_A \Big|_{normal}^{barra\,2} + \vec{A}_A \Big|_{tangencial}^{barra\,2} + \vec{A}_A \Big|_{Coriolis}$$ **Ecuación 2.85**

Para el caso de los mecanismos planos, cada término puede calcularse como:

$$A_A \Big|_{normal}^{barra\,2} = \omega^2 \cdot R_{A/O}$$ **Ecuación 2.86**

estando alineada con $R_{A/O}$ y sentido hacia el centro de giro O,

$$A_A \Big|_{tangencial}^{barra\,2} = \alpha \cdot R_{A/O}$$ **Ecuación 2.87**

que será ortogonal a $R_{A/O}$ y el sentido vendrá dado por la regla de la mano derecha para indicar correctamente el sentido, esto es, el pulgar marca la dirección de la aceleración angular, y los dedos indican el sentido de giro. Obsérvese que la aceleración angular ha sido reemplazada con $\vec{\alpha} = \dot{\vec{\omega}} = \dfrac{d}{dt}\vec{\omega}$.

El término $\vec{A}_A \Big|_{relativa}^{barra\,3/2}$ dependerá de la velocidad relativa del elemento 3 y estará alineada con R_{AO}:

$$\vec{A}_{Coriolis} = 2\vec{\omega}_{arrastre} \wedge \vec{V}_{relativa} = 2\vec{\omega}_2 \wedge \vec{V}_A\big|_{3/2}$$ **Ecuación 2.88**

donde $\vec{\omega}_2$ es la velocidad de rotación angular de la barra de arrastre, barra 2 en Figura 2.12, y $\vec{V}_A\big|_{3/2}$ es la velocidad relativa con la que desliza el elemento 3 respecto al 2. Por la definición de producto vectorial, se tiene que la dirección del vector resultante ha de ser ortogonal a $\vec{\omega}_2$ y $\vec{V}_A\big|_{3/2}$, y dado que la velocidad angular es ortogonal al plano de movimiento, se concluye que el vector resultante se encuentra en este plano. El sentido vendrá dado por el resultado del producto vectorial. Esto también puede determinarse mediante la regla de la mano derecha, a través del abatimiento, simulado por los dedos, del vector $\vec{\omega}_2$ hacia el vector $\vec{V}_A\big|_{3/2}$ por el camino más corto, con lo que el dedo pulgar marcará la dirección de la aceleración de Coriolis.

A modo de resumen se recuperan las expresiones generales que son necesarias para el cálculo cinemático y se recopilan en la Tabla 2.1 los posibles casos que pueden presentarse, Ecuación 2.59 y Ecuación 2.85 para el caso de la Figura 2.17.

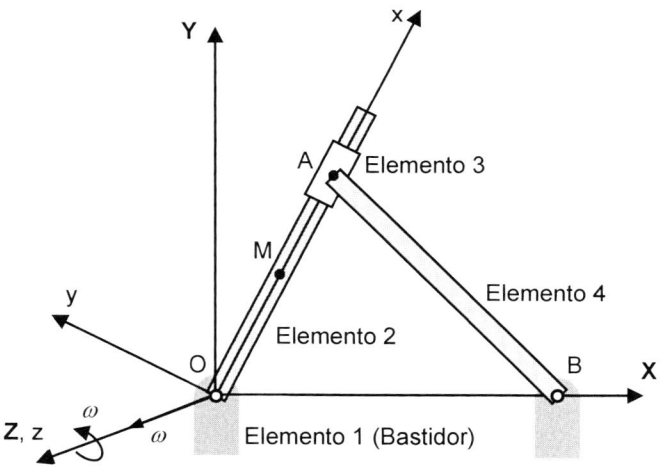

Figura 2.17. Mecanismo de biela manivela corredera invertido. Fuente: elaboración propia

Por tanto, la expresión:

$$\vec{V}_A\big|_{absoluta} = \vec{V}_O + \vec{V}_A\big|_{relativa}^{barra\,3/2} + \vec{V}_A\big|_{rotación}^{barra\,3}$$ **Ecuación 2.89**

podrá expresarse de la forma:

$$\vec{V}_{A/O} = \vec{V}_{A/M} + \vec{V}_{M/O} = \vec{V}_{A/M} + \vec{\omega} \wedge \vec{R}_{A/O}$$

Ecuación 2.90

y para el caso de las aceleraciones, la ecuación:

$$\vec{A}_A\Big|_{absoluta} = \vec{A}_O + \vec{A}_A\Big|_{normal}^{barra\,2} + \vec{A}_A\Big|_{tangencial}^{barra\,2} + \vec{A}_A\Big|_{relativa}^{barra\,3/2} + \vec{A}_A\Big|_{Coriolis}$$

Ecuación 2.91

queda de la forma:

$$\vec{A}_{A/O} = \vec{A}_{A/M} + \vec{\omega} \wedge \vec{\omega} \wedge R_{A/O} + \vec{\dot{\omega}} \wedge R_{A/O} + 2 \cdot \vec{\omega} \wedge \vec{V}_{A/M}$$

Ecuación 2.92

Tabla 2.1. Resumen de las expresiones para el cálculo cinemático.
Fuente: elaboración propia

Casos posibles	Ecuaciones
Punto O fijo Elemento 3 no existe Elemento 2 no gira	$\vec{V}_A\Big|_{absoluta} = 0$ $\vec{A}_A = 0$
Punto O móvil Elemento 3 no existe Elemento 2 no gira	$\vec{V}_A\Big|_{absoluta} = \vec{V}_O$ $\vec{A}_A = \vec{A}_O$
Punto O fijo Elemento 3 no existe Elemento 2 gira	$\vec{V}_A\Big|_{absoluta} = \vec{V}_A\Big|_{rotación}^{barra\,2}$ $\vec{A}_A = \vec{A}_A\Big|_{normal}^{barra\,2} + \vec{A}_A\Big|_{tangencial}^{barra\,2}$
Punto O móvil Elemento 3 no existe Elemento 2 gira	$\vec{V}_A\Big|_{absoluta} = \vec{V}_O + \vec{V}_A\Big|_{rotación}^{barra\,2}$ $\vec{A}_A = \vec{A}_O + \vec{A}_A\Big|_{normal}^{barra\,2} + \vec{A}_A\Big|_{tangencial}^{barra\,2}$
Punto O fijo Elemento 3 desliza Elemento 2 no gira	$\vec{V}_A\Big|_{absoluta} = \vec{V}_A\Big|_{relativa}^{barra\,3/2}$ $\vec{A}_A = \vec{A}_A\Big|_{relativa}^{barra\,3/2}$

Continúa

Continuación

Punto O móvil Elemento 3 desliza Elemento 2 no gira	$$\vec{V}_A\Big|_{absoluta} = \vec{V}_O + \vec{V}_A\Big|_{relativa}^{barra\,3/2}$$ $$\vec{A}_A = \vec{A}_O + \vec{A}_A\Big|_{relativa}^{barra\,3/2}$$
Punto O fijo Elemento 3 desliza sobre elemento 2	$$\vec{V}_A\Big|_{absoluta} = \vec{V}_A\Big|_{relativa}^{barra\,3/2} + \vec{V}_A\Big|_{rotación}^{barra\,2}$$ $$\vec{A}_A = \vec{A}_A\Big|_{normal}^{barra\,2} + \vec{A}_A\Big|_{tangencial}^{barra\,2} + \vec{A}_A\Big|_{relativa}^{barra\,3/2} + \vec{A}_A\Big|_{Coriolis}$$
Caso genérico: Punto O móvil Elemento 3 desliza sobre elemento 2	$$\vec{V}_A\Big|_{absoluta} = \vec{V}_O + \vec{V}_A\Big|_{relativa}^{barra\,3/2} + \vec{V}_A\Big|_{rotación}^{barra\,2}$$ $$\vec{A}_A = \vec{A}_O + \vec{A}_A\Big|_{normal}^{barra\,2} + \vec{A}_A\Big|_{tangencial}^{barra\,2} + \vec{A}_A\Big|_{relativa}^{barra\,3/2} + \vec{A}_A\Big|_{Coriolis}$$

Es conveniente recordar aquí el modo en que puede representarse la variación de los términos respecto al tiempo. En adelante, para cada metodología de análisis cinemático, se empleará convenientemente la siguiente nomenclatura:

$$V = \frac{dR}{dt} = \dot{R} \qquad\qquad\qquad\qquad \textbf{Ecuación 2.93}$$

$$A = \frac{dV}{dt} = \frac{d\dot{R}}{dt} = \ddot{R} = \frac{d^2R}{dt^2} \qquad\qquad \textbf{Ecuación 2.94}$$

$$\omega = \frac{d\theta}{dt} = \dot{\theta} \qquad\qquad\qquad\qquad \textbf{Ecuación 2.95}$$

$$\alpha = \frac{d\omega}{dt} = \frac{d\dot{\theta}}{dt} = \ddot{\theta} = \frac{d^2\theta}{dt^2} \qquad\qquad \textbf{Ecuación 2.96}$$

3
Metodologías cinemáticas

3.1. Metodologías de análisis cinemático

El análisis cinemático consiste en determinar la posición, velocidad y aceleración de los puntos y elementos en cualquier instante de tiempo de un sistema mecánico que presente movilidad. La aplicación de las expresiones cinemáticas, véase Ecuación 2.89 a Ecuación 2.92, desarrolladas en el Apartado 2.1.4 Cinemática del punto en movimiento general plano, permite el uso de diferentes técnicas de análisis. La metodología empleada para resolver las relaciones matemáticas entre puntos del mecanismo –expresiones cinemáticas– se basan en procedimientcs analíticos y gráficos. En el caso de los métodos analíticos se emplea: 1.- métodos trigonométricos, 2.- álgebra vectorial y 3.- ecuaciones de cierre, mientras que en los gráficos se dispone de: 1.- método de los centros instantáneos de rotación (CIR) y 2.- método gráfico de los cinemas. Las características de estos métodos se detallan a continuación:

a. Respecto a las metodologías analíticas, los métodos trigonométricos se basan en obtener las expresiones matemáticas que definen la posición de los puntos a estudiar y mediante derivación respecto al tiempo, deducir las ecuaciones de velocidad y aceleración. Es necesario relacionar los parámetros con respecto a la variable de entrada del sistema. Generalmente, es un método en el que las expresiones que han de ser resueltas presentan cierta dificultad, ya que los ángulos de las funciones trigonométricas, seno y coseno, son desconocidos, o bien, expresiones amplias que cuesta trabajar con ellas.

b. El método de álgebra vectorial emplea las expresiones descritas anteriormente, pero en forma de producto vectorial, en el que se trabajan en los tres ejes cartesianos. La descomposición en las coordenadas cartesianas de las ecuaciones de la velocidad y aceleración presentan dos expresiones escalares para cada una de ellas, lo que permite resolver dos incógnitas en velocidades y otras dos en aceleraciones. Esto hace que sea necesario conocer completamente la geometría de la posición en el instante de tiempo empleando algún método alternativo: método trigonométrico, gráfico, etc. Si en el cálculo de velocidades o de aceleraciones se presentan más incógnitas que ecuaciones, será necesario relacionar otros puntos del mecanismo para incluir más ecuaciones, con el fin de obtener un sistema de n ecuaciones con n incógnitas.

c. En el método de ecuaciones de cierre se plantean las ecuaciones paramétricas en notación compleja para la posición y, derivando con respecto al tiempo, se obtienen las correspondientes para la velocidad y aceleración. Descomponiendo cada una de esas ecuaciones en parte real e imaginaria permite formar dos expresiones escalares con dos posibles incógnitas en posición, al igual que en velocidad y aceleración. En caso de disponer de más incógnitas que ecuaciones, tanto en el estudio de la posición, velocidad o de la aceleración, será necesario recurrir a otros lazos de cierre para disponer de una batería de ecuaciones con n ecuaciones y n incógnitas. Junto al método de álgebra vectorial, estos dos planteamientos en forma paramétrica ofrecen la ventaja de trabajar con ecuaciones en las que las expresiones explícitas obtenidas relacionan los parámetros, permitiendo recalcular rápidamente los resultados para nuevos valores del problema.

d. A partir de las expresiones obtenidas en la composición de velocidades y aceleraciones, resumidas en la Ecuación 2.89 a Ecuación 2.92, se observa que la relación matemática entre los puntos se puede considerar como la rotación en torno a un eje de giro. Esta propiedad permite plantear los métodos gráficos para resolver de un modo rápido estas ecuaciones. En el método gráfico de los CIR se requiere localizar estos ejes instantáneos de rotación y las distancias a los puntos que son de aplicación en el esquema del mecanismo. Hay que señalar que cada elemento presentará varios CIR diferentes y que, al estar condicionado al movimiento del elemento, sus posiciones cambiarán para cada instante. Esto implica que aparezca la aceleración de cada CIR y, generalmente, su cálculo resulta laborioso y complicado, lo que limita el uso de este método. Sin embargo, la característica que destaca en este método frente al resto, es que permite resolver la cinemática de un punto arbitrario de un mecanismo conociendo tan solo la de un punto de referencia. En el resto de métodos, esto no es así, y es necesario resolver la cinemática de todos los puntos y barras hasta llegar al punto buscado. Para determinar la posición de los CIR asociados a un elemento se aplica la condición del Apartado 2.1.3 Cinemática del punto en movimiento de rotación, en el que la velocidad de cualquier punto perteneciente a este elemento tendrá una trayectoria circular, y por tanto su velocidad se podrá representar como ortogonal al radio de giro hasta este CIR. A partir de la velocidad lineal conocida de algún punto, se podrá cuantificar la rotación alrededor del CIR.

e. Por último, el método gráfico de los Cinemas, aplicando el mismo concepto de la composición de velocidades y aceleraciones del Apartado 2.1.3 Cinemática del punto en movimiento de rotación, es decir, la rotación alrededor de un eje, resuelve las ecuaciones cinemáticas indicadas en el párrafo anterior, mediante un proceso gráfico, por lo que es necesario emplear una escala de representación, que en general, será diferente para velocidades y para aceleraciones.

Puede observarse con claridad que, en estos métodos de carácter gráfico, la geometría y la orientación de los elementos ha de ser conocida por el enunciado o en su defecto, resuelta por alguna metodología alternativa.

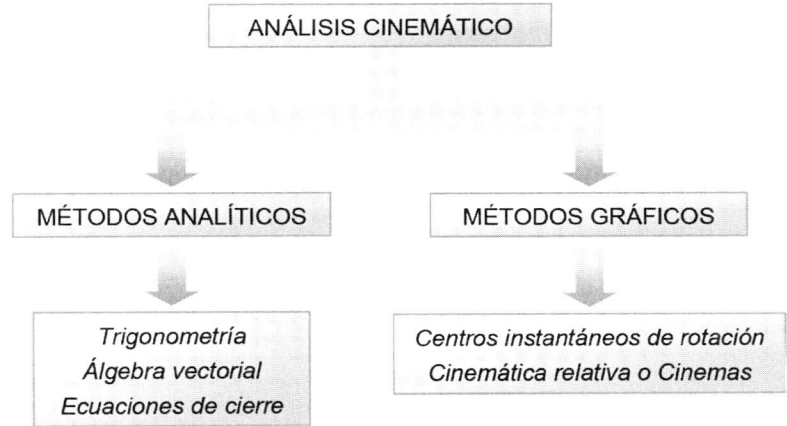

Figura 3.1. Metodologías de análisis cinemático. Fuente: elaboración propia

Los métodos gráficos son más rápidos y claros de interpretar, facilitando la comprensión de los resultados obtenidos. Sin embargo, al realizar la resolución cinemática de forma gráfica, es necesario seleccionar una escala para representar los vectores velocidad y aceleración, por lo que tiene asociado un error numérico y también por otra parte, un error gráfico condicionado al proceso de resolución manual, dado que, en la resolución con medios informáticos con uso de software CAD, este último error no aparece. La resolución se realiza para una única posición del mecanismo, por lo que, para obtener un estudio de todo el ciclo de movimiento, es necesario repetir toda la resolución gráfica para cada instante de tiempo, siendo esto totalmente inoperativo.

La importancia del método gráfico reside en la propiedad que cumplen los vectores, tanto de la velocidad como de aceleración, de cada barra en la representación gráfica con respecto a la geometría de la barra a la que pertenecen. Tanto en la resolución gráfica de velocidades como de aceleraciones absolutas de puntos, cada barra tiene asociado un polígono, llamado Cinema, (Calero Pérez & Carta González, 1998), de forma que la cinemática, entendida como los extremos de los vectores velocidad y aceleración de cada punto de la barra en el esquema gráfico, se corresponde con los puntos de este cinema formando un polígono similar. Es decir, los puntos del Cinema son semejantes a los puntos de las barras y la unión de estos genera el mismo polígono, obviamente escalado, que los de la barra del mecanismo.

En el caso del análisis de velocidades se cumplirá que el Cinema asociado a un elemento siempre estará girado 90º, según la rotación del elemento: si el elemento realiza una rotación en sentido horario, el Cinema estará girado 90º en el mismo sentido. Esta propiedad es muy interesante, ya que, conocida la cinemática, velocidad o aceleración, de dos puntos de una misma barra, es posible resolver la de cualquier otro punto de la misma barra simplemente identificando ese punto homólogo en el diagrama gráfico y trazando el vector desde el origen hasta este punto.

En este método gráfico los vectores absolutos parten de un origen común, denominado polo de velocidades y aceleraciones, respectivamente, y el extremo determina los puntos del cinema de cada barra.

Tabla 3.1. Características de los métodos gráficos y analíticos. Fuente: elaboración propia

Métodos Gráficos	Métodos Analíticos
Rápidos y de fácil interpretación	Laborioso y de difícil interpretación
Solución para una posición concreta	Expresiones analíticas para todo el ciclo en función de los parámetros de dependencia
Uso de las propiedades del cinema para calcular otros puntos de las barras en Método de Cinemas. Resolución parcial del mecanismo solo en el método de los CIR	Búsqueda de las ecuaciones más adecuadas para no complicar las ecuaciones
Selección de escala gráfica: errores de medición e inexactitud de los resultados	Resolución de sistemas de ecuaciones: necesidad de software matemático
Resultados exactos con software gráfico	Precisión de los resultados

Por otro lado, los métodos analíticos son más laboriosos, ya que desarrollan las expresiones cinemáticas, obteniendo relaciones matemáticas entre los puntos del mecanismo. Esto es un detalle a destacar, ya que permite obtener las funciones, y con ello los parámetros de dependencia de la velocidad y aceleración de los puntos y barras. El empleo de nomenclatura paramétrica ofrece la ventaja de poder recalcular los resultados modificando convenientemente estos parámetros y proceder al cálculo, especialmente para obtener un ciclo completo. Sin embargo, la resolución requiere de técnicas de resolución de sistemas de ecuaciones con *n* ecuaciones y *n* incógnitas, en los que está indicado el uso de software específico para facilitar los resultados, como Matlab, Mathcad o Wolfram Matemática, entre otros. Los métodos analíticos son poco intuitivos y no proporcionan información clara de la cinemática vectorial de los puntos. En el método de la ecuación de cierre, el conocimiento de las cadenas cinemáticas que pueden crearse en el mecanismo es de suma importancia para poder resolver de forma óptima y satisfactoria la cinemática del mecanismo, ya que evita expresiones redundantes o no válidas por disponer de demasiadas incógnitas, así como ecuaciones muy largas.

Seguidamente se desarrollan estos métodos cinemáticos aplicándose sobre un mecanismo sencillo como es el biela-manivela corredera. Para ofrecer más versatilidad, se ha considerado que la corredera se mueve en una cota sobre el eje de giro del accionamiento de la manivela. Se ha seleccionado este mecanismo ya que incorpora tres elementos en los que cada uno de ellos realiza de forma independiente el movimiento que se puede tener en el plano: una manivela que da vueltas completas alrededor de un punto fijo, la biela que realiza un movimiento general en el plano con translación y rotación simultánea y, finalmente, una corredera que describe una trayectoria rectilínea. Este último movimiento es interesante para el tratamiento de la metodología de ecuaciones de cierre. En este sentido, también permite plantear diversas ecuaciones de lazo, permitiendo analizar las ventajas de un lazo de cierre frente a otros que parecen más sencillos para resolver el problema. Para ofrecer más generalidad y servir de base para otros problemas, se ha considerado que la manivela dispone de aceleración angular, lo que es interesante para la resolución gráfica.

Los términos de velocidad y aceleración angular empleados en los desarrollos de las siguientes metodologías deben incluir el signo correspondiente según la rotación. Recordar que el criterio estándar seguido corresponde con la regla de la mano derecha o regla del sacacorchos, es decir, signo positivo para un giro anti horario y negativo en sentido horario.

3.1.1. Método trigonométrico

Este planteamiento se basa en la obtención de las ecuaciones en forma paramétrica de los puntos a estudiar en función de la variable del problema, generalmente el ángulo del accionamiento del mecanismo, y proceder a derivarlas respecto al tiempo para obtener las correspondientes expresiones en velocidad y aceleración. Mediante la función matemática de la posición del punto a estudiar, se hace uso de su derivada respecto al tiempo para disponer de la función matemática que define la velocidad de este punto. La expresión de la aceleración se obtiene derivando nuevamente la función anterior:

$$x = f(\theta) \hspace{4cm} \textbf{Ecuación 3.1}$$

$$v = \frac{dx}{dt} = f^{'}(\theta) \hspace{3.5cm} \textbf{Ecuación 3.2}$$

$$a = \frac{dv}{dt} = \frac{d^{2}x}{dt^{2}} = f^{''}(\theta) \hspace{2.5cm} \textbf{Ecuación 3.3}$$

Estas ecuaciones han de depender de datos conocidos del mecanismo y por tanto son función del grado de libertad –en adelante, GDL– del sistema. Según el número de grados de libertad del sistema se condiciona el número de ecuaciones necesarias, ya que cada GDL ha de estar incluido en las expresiones paramétricas. La resolución numérica se obtiene sustituyendo los valores en las ecuaciones obtenidas. (Reino Flores & Galán Marín, 2020). Es habitual que en este método se trabaje con expresiones muy complejas de resolver, por lo que es recomendable que las expresiones iniciales de la posición de los puntos sean lo más simples y claras posibles, con el fin de no complicar la resolución. Para ilustrar esta metodología se aplica sobre un mecanismo sencillo.

En el mecanismo biela-manivela-corredera representado en la Figura 3.2, se conocen las dimensiones de los elementos, R_{OA} y R_{AB}, y de la cota H, así como el ángulo del elemento de entrada OA, respecto de la horizontal que tiene velocidad angular ω_{OA} en sentido anti horario, y aceleración angular, α_{OA}, en sentido horario.

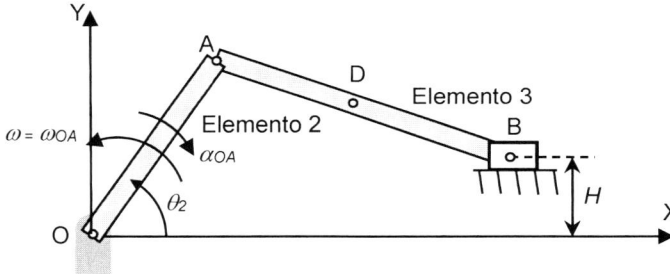

Figura 3.2. Esquema para el método trigonométrico. Fuente: elaboración propia

Para simplificar la resolución, se tomarán los parámetros *R, L, θ* y *φ* indicados en la Figura 3.3. La resolución cinemática requiere conocer previamente la función de la posición de los puntos. Aunque en este método no es necesario realizar la composición de velocidades y aceleraciones para determinar el punto B, se va a resolver la cinemática de este punto A para disponer de un ejemplo más completo.

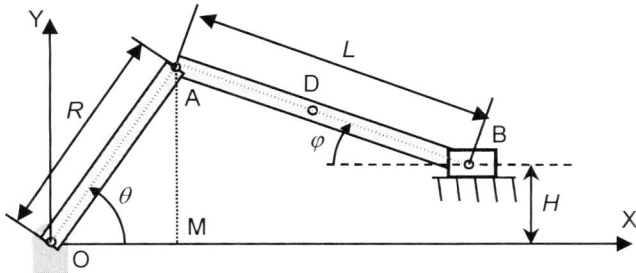

Figura 3.3. Parámetros para el método trigonométrico. Fuente: elaboración propia

3.1.1.1. Cálculo de la posición en el mecanismo de biela-manivela

La función que define la posición en x del punto A viene dada trigonométricamente por:

$$x_A = R\cos\theta \qquad\qquad \textbf{Ecuación 3.4}$$

Derivando respecto al tiempo, la velocidad de este punto es:

$$v_A\big|_x = -R\text{sen}\,\theta\,\frac{d\theta}{dt} \qquad\qquad \textbf{Ecuación 3.5}$$

Considerando que la velocidad angular está definida mediante $\omega = \dfrac{d\theta}{dt}$ queda:

$$v_A\big|_x = -R\cdot\omega\cdot\text{sen}\,\theta \qquad\qquad \textbf{Ecuación 3.6}$$

Derivando nuevamente para obtener la aceleración de A, considerando que ω es variable, ya que se dispone de aceleración angular, α y siendo R constante:

$$a_A\big|_x = \frac{dv_A|_x}{dt} = \frac{d}{dt}\left(-R\cdot\omega\cdot\text{sen}\,\theta\right) = -R\frac{d\omega}{dt}\text{sen}\,\theta - R\cdot\omega\cdot\cos\theta\,\frac{d\theta}{dt} \qquad\qquad \textbf{Ecuación 3.7}$$

De igual modo, considerando que $\alpha = \dfrac{d\omega}{dt}$, la aceleración de A queda:

$$a_A\big|_x = -R\cdot\alpha\cdot\text{sen}\,\theta - R\cdot\omega^2\cdot\cos\theta \qquad\qquad \textbf{Ecuación 3.8}$$

Nótese que esta expresión incluye los términos de aceleración tangencial y aceleración normal para el punto A. En caso de que la velocidad angular del elemento, ω, fuese constante, su variación con el tiempo seria nula, lo que implicaría que no existiría aceleración angular, α y solo se tendría la componente normal de la aceleración.

La posición x del punto B de la deslizadera, en función del ángulo θ, en una situación genérica como la indicada en la Figura 3.3 es:

$$x_B = f(\theta) = R\cos\theta + L\cos\varphi \qquad\qquad \textbf{Ecuación 3.9}$$

En esta expresión los ángulos θ y φ son variables, por lo que es necesario encontrar alguna relación para expresarla en función de θ. Teniendo en cuenta que la proyección vertical AM relaciona el elemento 2 con el 3:

$$MA = R\,\mathrm{sen}\,\theta = H + L\,\mathrm{sen}\,\varphi \;\rightarrow\; \mathrm{sen}\,\varphi = \frac{R\,\mathrm{sen}\,\theta - H}{L}$$
Ecuación 3.10

En la Ecuación 3.9, el término $\cos\varphi$ será de la forma:

$$\cos\varphi = \sqrt{1 - \mathrm{sen}^2\varphi} = \sqrt{1 - \left(\frac{R\,\mathrm{sen}\,\theta - H}{L}\right)^2}$$
Ecuación 3.11

Aplicando el desarrollo en serie de un binomio, dado de forma genérica por la expresión:

$$(x + y)^n = x^n + n \cdot x^{n-1} \cdot y + \frac{n(n-1)}{2!}x^{n-2} \cdot y^2 +$$
$$+ \frac{n(n-1)(n-2)}{3!}x^{n-3} \cdot y^3 + \ldots\ldots + y^n$$
Ecuación 3.12

Relacionando términos se tiene:

$$\left[1 - \left(\frac{R\,\mathrm{sen}\,\theta - H}{L}\right)^2\right]^{1/2} = 1 - \frac{1}{2}\left(\frac{R\,\mathrm{sen}\,\theta - H}{L}\right)^2 - \frac{1}{2\cdot4}\left(\frac{R\,\mathrm{sen}\,\theta - H}{L}\right)^4 -$$
$$- \frac{3}{2\cdot4\cdot6}\left(\frac{R\,\mathrm{sen}\,\theta - H}{L}\right)^6$$
Ecuación 3.13

En esta expresión, el segundo y tercer término son despreciables frente a los restantes, con lo que la Ecuación 3.9 resulta:

$$x_B = R\cdot\cos\theta + L\cdot\cos\varphi = R\cdot\cos\theta + L\left(1 - \frac{1}{2}\frac{(R\cdot\mathrm{sen}\,\theta - H)^2}{L^2}\right)$$
Ecuación 3.14

$$x_B = R\cdot\cos\theta + L - \frac{R^2\mathrm{sen}^2\theta + H^2 - 2R\cdot H\mathrm{sen}\,\theta}{2L}$$
Ecuación 3.15

3.1.1.2. Cálculo de la velocidad en el mecanismo de biela-manivela

Obtenida la ecuación de dependencia con la variable θ, es decir, el ángulo de la manivela de entrada, la velocidad de la corredera se podrá obtener por derivación respecto al tiempo de la expresión anterior:

$$v_B = \frac{dx_B}{dt} = \frac{d}{dt}\left[R\cdot\cos\theta + L - \frac{R^2\mathrm{sen}^2\theta + H^2 - 2R\cdot H\mathrm{sen}\,\theta}{2L}\right]$$
Ecuación 3.16

$$v_B = -R\,\mathrm{sen}\,\theta\,\frac{d\theta}{dt} - \frac{R^2\,2\cdot\mathrm{sen}\,\theta\cos\theta\,\dfrac{d\theta}{dt} - 2R\cdot H\cos\theta\,\dfrac{d\theta}{dt}}{2L} \qquad \textbf{Ecuación 3.17}$$

Tomando la igualdad para la velocidad angular definida mediante $\omega = \dfrac{d\theta}{dt}$:

$$v_B = -R\cdot\omega\cdot\mathrm{sen}\,\theta - \frac{R}{L}\omega\left(R\cdot\mathrm{sen}\,\theta\cos\theta - H\cdot\cos\theta\right) \qquad \textbf{Ecuación 3.18}$$

3.1.1.3. Cálculo de la aceleración en el mecanismo de biela-manivela

De la función matemática obtenida en la Ecuación 3.18 para la velocidad se podrá derivar nuevamente con respecto al tiempo, considerando que θ es variable. En el enunciado se indica que el elemento de entrada también dispone de aceleración angular α_{OA} y, teniendo en cuenta que $\alpha = \dfrac{d\omega}{dt} = \dfrac{d^2}{dt^2}\theta$, se obtiene:

$$a_B = \frac{dv_B}{dt} = \frac{d}{dt}\left[-R\cdot\omega\cdot\mathrm{sen}\,\theta - \frac{R}{L}\omega\left(R\cdot\mathrm{sen}\,\theta\cos\theta - H\cdot\cos\theta\right)\right] \qquad \textbf{Ecuación 3.19}$$

$$a_B = -R\frac{d\omega}{dt}\cdot\mathrm{sen}\,\theta - R\cdot\omega\cdot\cos\theta\frac{d\theta}{dt} - \frac{R}{L}\frac{d\omega}{dt}\cdot\left(R\cdot\mathrm{sen}\,\theta\cos\theta - H\cdot\cos\theta\right) -$$
$$-\frac{R}{L}\omega\left[R\cdot\left(\cos^2\theta - \mathrm{sen}^2\theta\right)\frac{d\theta}{dt} + H\cdot\mathrm{sen}\,\theta\frac{d\theta}{dt}\right] \qquad \textbf{Ecuación 3.20}$$

$$a_B = -R\cdot\alpha\cdot\mathrm{sen}\,\theta - R\cdot\omega^2\cdot\cos\theta - \frac{R}{L}\cdot\alpha\cdot\left(R\cdot\mathrm{sen}\,\theta\cos\theta - H\cdot\cos\theta\right) -$$
$$-\frac{R}{L}\omega^2\left[R\cdot\left(\cos^2\theta - \mathrm{sen}^2\theta\right) + H\cdot\mathrm{sen}\,\theta\right] \qquad \textbf{Ecuación 3.21}$$

3.1.1.4. Cálculo de la velocidad y aceleración del punto D

La velocidad y aceleración del punto D se puede determinar de forma inmediata a partir de las expresiones paramétricas para el punto B, Ecuación 3.18 y Ecuación 3.21, ya que el punto D se encuentra en el centro del elemento AB, siendo

$$R_{AD} = \frac{L}{2}$$

$$x_D = R\cdot\cos\theta + \frac{L}{2} - \frac{R^2\,\mathrm{sen}^2\theta + H^2 - 2R\cdot H\,\mathrm{sen}\,\theta}{L} \qquad \textbf{Ecuación 3.22}$$

$$v_D = \frac{dx_D}{dt} = -R\cdot\omega\cdot\mathrm{sen}\,\theta - \frac{2\cdot R}{L}\omega\left(R\cdot\mathrm{sen}\,\theta\cos\theta - H\cdot\cos\theta\right) \qquad \textbf{Ecuación 3.23}$$

$$a_D = -R \cdot \alpha \cdot \mathrm{sen}\,\theta - R \cdot \omega^2 \cdot \cos\theta - \frac{2 \cdot R}{L} \cdot \alpha \cdot (R \cdot \mathrm{sen}\,\theta \cos\theta - H \cdot \cos\theta) -$$

Ecuación 3.24

$$-\frac{2 \cdot R}{L} \omega^2 \left[R \cdot (\cos^2\theta - \mathrm{sen}^2\theta) + H \cdot \mathrm{sen}\,\theta \right]$$

Las expresiones, al ser paramétricas, permiten resolver otros puntos del mismo elemento de modo rápido, como es el caso del punto D, resolver un ciclo completo para el ángulo θ o cuantificar la cinemática con el cambio de alguna distancia, entre otros; pero las expresiones que se obtienen incluyen muchos términos, aunque no presentan excesiva dificultad para derivar. Sin embargo, para problemas con mayor número de elementos o más grados de libertad, implica que las expresiones con las que trabajar sean muy extensas y muy laborioso y esto hace que no sea el método más apropiado para resolver mecanismos.

3.1.2. Método del álgebra vectorial

La resolución de los mecanismos en este método se realiza aplicando las expresiones cinemáticas vistas en el Apartado 2.1.4 Cinemática del punto en movimiento general plano, expresiones Ecuación 2.90 y Ecuación 2.92, ya que representa el caso general de un movimiento no inercial y en algún mecanismo se puede dar el caso de que aparezca la aceleración de Coriolis. Nótese que estas expresiones se trabajan en forma vectorial, por lo que permiten emplear las tres dimensiones XYZ, siendo válidas para los mecanismos espaciales. En el caso habitual de los mecanismos planos, se simplifican a solo dos dimensiones XY. La resolución vectorial de las expresiones obtenidas obliga a que han de ser resueltas simultáneamente en las dos direcciones, por lo que cada ecuación, tanto en el estudio de las velocidades o de aceleraciones, habrá que descomponerla en cada dirección vectorial: dirección X y dirección Y, formando un sistema de ecuaciones escalares de 2 ecuaciones y *n* incógnitas, dependiendo de cada problema. En el caso de disponer de más incógnitas que ecuaciones, habrá que añadir nuevas relaciones con otros puntos, para conseguir un sistema de *n* ecuaciones y *n* incógnitas. El sistema de ecuaciones puede trabajarse en forma paramétrica, lo que permite obtener las expresiones explícitas de las incógnitas y trabajar con ellas, por ejemplo, para calcular un ciclo completo de movimiento, modificar alguna distancia u obtener sus máximos y mínimos. Para resolver la cinemática es necesario conocer todos los datos de la posición, es decir, ángulos y dimensiones de los elementos, siendo necesario, en caso contrario, recurrir a otros métodos, gráficos o analíticos, para conocerla.

Tomando nuevamente el ejemplo del mecanismo de biela-manivela corredera del caso anterior, Figura 3.4, siendo conocidas las distancias R_{OA}, R_{AB} y *H* y siendo θ_{OA} el ángulo de entrada de movimiento, velocidad angular ω_{OA} en sentido anti horario, y aceleración angular, α_{OA}, en sentido horario, para aplicar las ecuaciones generales de la cinemática relativa es necesario resolver la posición de los elementos.

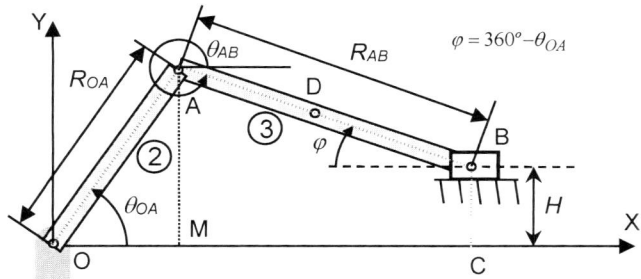

Figura 3.4. Parámetros en cinemática vectorial. Fuente: elaboración propia

3.1.2.1. Cálculo de la posición en el mecanismo de biela-manivela

Aplicando relaciones trigonométricas se puede determinar el ángulo del elemento 3, φ, y la distancia horizontal del punto B, x_B, respecto de los ejes coordenados, al igual que ocurre en el método trigonométrico, relacionando la distancia vertical AM a partir del elemento 2 y del elemento 3, se cumple:

$$MA = R_{OA}\mathrm{sen}\theta_{OA} = H + R_{AB}\mathrm{sen}\varphi \;\rightarrow\; \mathrm{sen}\varphi = \frac{R_{OA}\mathrm{sen}\theta_{OA} - H}{R_{AB}}$$

Ecuación 3.25

Por lo que el ángulo φ se puede cuantificar mediante:

$$\varphi = \mathrm{arcsen}\left(\frac{R_{OA}\mathrm{sen}\theta_{OA} - H}{R_{AB}} \right)$$

Ecuación 3.26

La distancia que ocupa el punto B respecto del origen es:

$$x_B = x_C = R_{OA}\cos\theta_{OA} + R_{AB}\cos\varphi$$

Ecuación 3.27

3.1.2.2. Cálculo de la velocidad en el mecanismo de biela-manivela

La velocidad del punto A, al girar alrededor del punto fijo O, tendrá una velocidad de, Ecuación 2.21:

$$\vec{V}_A = \vec{V}_O + \vec{\omega}_{OA} \wedge \vec{R}_{OA} = \vec{\omega}_{OA} \wedge \vec{R}_{OA}$$

Ecuación 3.28

Realizando el producto vectorial de estos vectores, el valor numérico se obtiene de:

$$\vec{V}_A = \begin{vmatrix} \vec{i} & \vec{j} & \vec{k} \\ 0 & 0 & \omega_{OA} \\ R_{OA}\cos\theta_{OA} & R_{OA}\mathrm{sen}\theta_{OA} & 0 \end{vmatrix} =$$

Ecuación 3.29

$$= -R_{OA}{\cdot}\omega_{OA}{\cdot}\mathrm{sen}\theta_{OA}\vec{i} + R_{OA}{\cdot}\omega_{OA}{\cdot}\cos\theta_{OA}\vec{j}$$

Los puntos A y B pertenecen al mismo elemento y mantienen la distancia relativa, con lo que la velocidad del punto B se puede obtener a través de la composición de velocidades entre ellos. Es decir, el punto B describe un movimiento general plano que se podrá obtener a partir de la velocidad absoluta de A en una translación circular, ya obtenida previamente, más un movimiento relativo de rotación alrededor de A con velocidad angular ω_{AB} que es desconocida. En un primer momento se va a suponer que gira en sentido anti horario, y en caso de ser contrario, se obtendrá un resultado negativo, indicando que el sentido supuesto inicialmente era erróneo.

$$\vec{V}_B = \vec{V}_A + \vec{V}_{B/A} = \vec{V}_A + \begin{vmatrix} \vec{i} & \vec{j} & \vec{k} \\ 0 & 0 & \omega_{AB} \\ R_{AB}\cos\theta_{AB} & R_{AB}\text{sen}\theta_{AB} & 0 \end{vmatrix} = \qquad \textbf{Ecuación 3.30}$$

$$= \vec{V}_A - R_{AB}\cdot\omega_{AB}\cdot\text{sen}\theta_{AB}\vec{i} + R_{AB}\cdot\omega_{AB}\cdot\cos\theta_{AB}\vec{j}$$

Del enunciado se conoce que la trayectoria que describe el punto B se mantiene sobre la horizontal, por lo que la velocidad, y también la aceleración, tendrán solo componente en dirección $\vec{i}$, siendo desconocidos sus módulos y sentidos. Se va a suponer que el sentido es positivo y, en caso de que la resolución numérica proporcione un valor negativo, indicará que el sentido correcto será opuesto al predicho inicialmente.

$$\vec{V}_B = V_B\vec{i} \qquad \textbf{Ecuación 3.31}$$

Sustituyendo la expresión obtenida para $\vec{V}_A$, Ecuación 3.29:

$$V_B\vec{i} = \vec{V}_A + \vec{V}_{B/A} = \vec{V}_A - R_{AB}\cdot\omega_{AB}\cdot\text{sen}\theta_{AB}\vec{i} + R_{AB}\cdot\omega_{AB}\cdot\cos\theta_{AB}\vec{j} =$$

$$= \left(-R_{OA}\cdot\omega_{OA}\cdot\text{sen}\theta_{OA} - R_{AB}\cdot\omega_{AB}\cdot\text{sen}\theta_{AB}\right)\vec{i} + \qquad \textbf{Ecuación 3.32}$$

$$+ \left(R_{OA}\cdot\omega_{OA}\cdot\cos\theta_{OA} + R_{AB}\cdot\omega_{AB}\cdot\cos\theta_{AB}\right)\vec{j}$$

Separando en cada dirección de los ejes coordenados, se tiene un sistema de dos ecuaciones y dos incógnitas ω_{AB} y V_B:

$$\left. \begin{array}{l} \vec{i} \rightarrow V_B = -R_{OA}\cdot\omega_{OA}\cdot\text{sen}\theta_{OA} - R_{AB}\cdot\omega_{AB}\cdot\text{sen}\theta_{AB} \\ \vec{j} \rightarrow 0 = R_{OA}\cdot\omega_{OA}\cdot\cos\theta_{OA} + R_{AB}\cdot\omega_{AB}\cdot\cos\theta_{AB} \end{array} \right\} \qquad \textbf{Ecuación 3.33}$$

Despejando de la componente Y se obtiene ω_{AB}:

$$\omega_{AB} = -\frac{R_{OA}\cdot\omega_{OA}\cdot\cos\theta_{OA}}{R_{AB}\cdot\cos\theta_{AB}} \qquad \textbf{Ecuación 3.34}$$

y sustituyendo en la primera de las ecuaciones:

$$V_B = -R_{OA}\cdot\omega_{OA}\cdot\text{sen}\theta_{OA} + R_{AB}\left(\frac{R_{OA}\cdot\omega_{OA}\cdot\cos\theta_{OA}}{R_{AB}\cdot\cos\theta_{AB}}\right)\cdot\text{sen}\theta_{AB} \qquad \textbf{Ecuación 3.35}$$

$$V_B = R_{OA} \cdot \omega_{OA} \cdot (\cos\theta_{OA} \, \mathrm{tag}\,\theta_{AB} - \mathrm{sen}\,\theta_{OA})$$ **Ecuación 3.36**

Con ello se conocen todos los datos de velocidad de los puntos y elementos.

3.1.2.3. Cálculo de la aceleración en el mecanismo de biela-manivela

El cálculo de las aceleraciones se realiza de forma similar al realizado en el caso de las velocidades. Para determinar la aceleración de B, previamente es necesario resolver la del punto A, que describe una rotación alrededor del punto fijo O, Ecuación 2.22. Sin pérdida de generalidad, aunque el enunciado indica que la aceleración angular del elemento que acciona el sistema tiene sentido horario, y por tanto es de signo negativo, se va a considerar la aceleración angular de valor α_{OA}, en la que se debe incluir el signo para proceder al cálculo numérico.

$$\vec{A}_A = \vec{A}_O + \vec{\alpha}_{OA} \wedge \vec{R}_{OA} + \vec{\omega}_{OA} \wedge (\vec{\omega}_{OA} \wedge \vec{R}_{OA}) = \vec{A}_O + \vec{a}_A\big|_{tangencial} + \vec{a}_A\big|_{normal}$$ **Ecuación 3.37**

$$\vec{A}_A = \begin{vmatrix} \vec{i} & \vec{j} & \vec{k} \\ 0 & 0 & \alpha_{OA} \\ R_{OA}\cos\theta_{OA} & R_{OA}\mathrm{sen}\,\theta_{OA} & 0 \end{vmatrix} +$$

$$+\begin{vmatrix} \vec{i} & \vec{j} & \vec{k} \\ 0 & 0 & \omega_{OA} \\ -R_{OA}\cdot\omega_{OA}\cdot\mathrm{sen}\,\theta_{OA} & R_{OA}\cdot\omega_{OA}\cdot\cos\theta_{OA} & 0 \end{vmatrix} =$$ **Ecuación 3.38**

$$= \left(-R_{OA}\cdot\alpha_{OA}\cdot\mathrm{sen}\,\theta_{OA} - R_{OA}\cdot\omega_{OA}^2\cdot\cos\theta_{OA}\right)\vec{i} +$$
$$+ \left(R_{OA}\cdot\alpha_{OA}\cdot\cos\theta_{OA} - R_{OA}\cdot\omega_{OA}^2\cdot\mathrm{sen}\,\theta_{OA}\right)\vec{j}$$

Nuevamente, en el movimiento general plano del punto B, la aceleración absoluta de B, $\vec{A}_B$, se puede determinar mediante la composición de las aceleraciones entre el punto B y otro punto conocido del elemento 3, como es el punto A, considerando la aceleración relativa entre ambos, $\vec{A}_{B/A}$. Así pues, la aceleración de B viene dada por la aceleración instantánea absoluta de A, en un movimiento de translación circular, más la aceleración relativa del punto B respecto de un observador virtual en el punto A. Nótese que puede aplicarse la ecuación general de las aceleraciones, Ecuación 2.92, en la que el término de Coriolis es nulo, dado que no aparece rotación de la deslizadera, ω_B.

$$\vec{A}_B = \vec{A}_A + \vec{\alpha}_{AB} \wedge \vec{R}_{AB} + \vec{\omega}_{AB} \wedge (\vec{\omega}_{AB} \wedge \vec{R}_{AB}) = \vec{A}_A + \vec{a}_{B/A}\big|_{tag} + \vec{a}_{B/A}\big|_{norm}$$ **Ecuación 3.39**

La trayectoria que describe el punto B es horizontal, por lo que el módulo y sentido de la aceleración absoluta de B, $\vec{A}_B$, serán desconocidos. Se va a considerar que su sentido es positivo en el sistema de ejes cartesiano XY y, en caso de que el resultado proporcione un valor negativo, indicará que el sentido que se ha supuesto inicialmente es incorrecto.

$$\vec{A}_B = A_B \vec{i}$$

Ecuación 3.40

$$A_B \vec{i} = \vec{A}_A + \begin{vmatrix} \vec{i} & \vec{j} & \vec{k} \\ 0 & 0 & \alpha_{AB} \\ R_{AB}\cos\theta_{AB} & R_{AB}\mathrm{sen}\,\theta_{AB} & 0 \end{vmatrix} +$$

$$+ \begin{vmatrix} \vec{i} & \vec{j} & \vec{k} \\ 0 & 0 & \omega_{AB} \\ -R_{AB}\cdot\omega_{AB}\cdot\mathrm{sen}\,\theta_{AB} & R_{AB}\cdot\omega_{AB}\cdot\cos\theta_{AB} & 0 \end{vmatrix} =$$

Ecuación 3.41

$$= \vec{A}_A + \left(-R_{AB}\cdot\alpha_{AB}\cdot\mathrm{sen}\,\theta_{AB} - R_{AB}\cdot\omega_{AB}^2\cdot\cos\theta_{AB} \right)\vec{i} +$$

$$+ \left(R_{AB}\cdot\alpha_{AB}\cdot\cos\theta_{AB} - R_{AB}\cdot\omega_{AB}^2\cdot\mathrm{sen}\,\theta_{AB} \right)\vec{j}$$

Y sustituyendo la Ecuación 3.38, resulta:

$$A_B \vec{i} = (-R_{OA}\cdot\alpha_{OA}\cdot\mathrm{sen}\,\theta_{OA} - R_{OA}\cdot\omega_{OA}^2\cdot\cos\theta_{OA} - R_{AB}\cdot\alpha_{AB}\cdot\mathrm{sen}\,\theta_{AB} -$$

$$- R_{AB}\cdot\omega_{AB}^2\cdot\cos\theta_{AB})\vec{i} + (R_{OA}\cdot\alpha_{OA}\cdot\cos\theta_{OA} - R_{OA}\cdot\omega_{OA}^2\cdot\mathrm{sen}\,\theta_{OA} +$$

$$+ R_{AB}\cdot\alpha_{AB}\cdot\cos\theta_{AB} - R_{AB}\cdot\omega_{AB}^2\cdot\mathrm{sen}\,\theta_{AB})\vec{j}$$

Ecuación 3.42

En esta expresión se desconocen dos variables, A_B y α_{AB}, por lo que separando en cada una de las dos componentes X e Y, se tendrá un sistema de dos ecuaciones escalares y dos incógnitas:

$$\vec{i} \;\rightarrow\; A_B = -R_{OA}\cdot\alpha_{OA}\cdot\mathrm{sen}\,\theta_{OA} - R_{OA}\cdot\omega_{OA}^2\cdot\cos\theta_{OA} - R_{AB}\cdot\alpha_{AB}\cdot\mathrm{sen}\,\theta_{AB} -$$

$$- R_{AB}\cdot\omega_{AB}^2\cdot\cos\theta_{AB}$$

$$\vec{j} \;\rightarrow\; 0 = R_{OA}\cdot\alpha_{OA}\cdot\cos\theta_{OA} - R_{OA}\cdot\omega_{OA}^2\cdot\mathrm{sen}\,\theta_{OA} + R_{AB}\cdot\alpha_{AB}\cdot\cos\theta_{AB} -$$

$$- R_{AB}\cdot\omega_{AB}^2\cdot\mathrm{sen}\,\theta_{AB}$$

Ecuación 3.43

Despejando de la componente Y:

$$\alpha_{AB} = \frac{R_{OA}\cdot\omega_{OA}^2\cdot\mathrm{sen}\,\theta_{OA} - R_{OA}\cdot\alpha_{OA}\cdot\cos\theta_{OA} + R_{AB}\cdot\omega_{AB}^2\cdot\mathrm{sen}\,\theta_{AB}}{R_{AB}\cdot\cos\theta_{AB}}$$

Ecuación 3.44

y sustituyendo en la componente X:

$$A_B = -R_{OA}\cdot\alpha_{OA}\cdot\mathrm{sen}\,\theta_{OA} - R_{OA}\cdot\omega_{OA}^2\cdot\cos\theta_{OA} - R_{AB}\cdot\omega_{AB}^2\cdot\cos\theta_{AB} -$$

$$- R_{AB}\frac{R_{OA}\cdot\omega_{OA}^2\cdot\mathrm{sen}\,\theta_{OA} - R_{OA}\cdot\alpha_{OA}\cdot\cos\theta_{OA} + R_{AB}\cdot\omega_{AB}^2\cdot\mathrm{sen}\,\theta_{AB}}{R_{AB}\cdot\cos\theta_{AB}}\mathrm{sen}\,\theta_{AB}$$

Ecuación 3.45

$$A_B = -R_{OA}\cdot\alpha_{OA}\cdot(\mathrm{sen}\,\theta_{OA} - \cos\theta_{OA}\mathrm{tag}\,\theta_{AB}) -$$

$$- R_{OA}\cdot\omega_{OA}^2\cdot(\cos\theta_{OA} + \mathrm{sen}\,\theta_{OA}\mathrm{tag}\,\theta_{AB}) -$$

$$- R_{AB}\cdot\omega_{AB}^2\cdot(\cos\theta_{AB} + \mathrm{sen}\,\theta_{AB}\mathrm{tag}\,\theta_{AB})$$

Ecuación 3.46

3.1.2.4. Cálculo de la velocidad y aceleración del punto D

La velocidad del punto D se resuelve de igual modo, relacionando el punto D con un punto de la barra conocida, como es el punto A, con su cinemática conocida y con la velocidad y aceleración angular del elemento 3 ya resuelta, Ecuación 3.30 y Ecuación 3.38.

$$\vec{V}_D = \vec{V}_A + \vec{V}_{D/A} = \vec{V}_A + \begin{vmatrix} \vec{i} & \vec{j} & \vec{k} \\ 0 & 0 & \omega_{AB} \\ R_{AD}\cos\theta_{AB} & R_{AD}\mathrm{sen}\theta_{AB} & 0 \end{vmatrix} =$$

$$= \left(-R_{OA}\cdot\omega_{OA}\cdot\mathrm{sen}\theta_{OA} - R_{AD}\cdot\omega_{AB}\cdot\mathrm{sen}\theta_{AB} \right)\vec{i} +$$
$$+ \left(R_{OA}\cdot\omega_{OA}\cdot\cos\theta_{OA} + R_{AD}\cdot\omega_{AB}\cdot\cos\theta_{AB} \right)\vec{j}$$

Ecuación 3.47

Y, sustituyendo ω_{AB}, de la Ecuación 3.34:

$$\vec{V}_D = \left(-R_{OA}\cdot\omega_{OA}\cdot\mathrm{sen}\theta_{OA} + R_{AD}\,\frac{R_{OA}\cdot\omega_{OA}\cdot\cos\theta_{OA}}{R_{AB}\cdot\cos\theta_{AB}}\mathrm{sen}\theta_{AB} \right)\vec{i} +$$
$$+ \left(R_{OA}\cdot\omega_{OA}\cdot\cos\theta_{OA} - R_{AD}\,\frac{R_{OA}\cdot\omega_{OA}\cdot\cos\theta_{OA}}{R_{AB}\cdot\cos\theta_{AB}}\cos\theta_{AB} \right)\vec{j}$$

Ecuación 3.48

$$\vec{V}_D = R_{OA}\cdot\omega_{OA}\left(-\mathrm{sen}\theta_{OA} + \frac{R_{AD}}{R_{AB}}\cos\theta_{OA}\mathrm{tag}\theta_{AB} \right)\vec{i} +$$
$$+ R_{OA}\cdot\omega_{OA}\left(\cos\theta_{OA} - \frac{R_{AD}}{R_{AB}}\cos\theta_{OA} \right)\vec{j}$$

Ecuación 3.49

La aceleración del punto D será:

$$\vec{A}_D = \vec{A}_A + \vec{\alpha}_{AB}\wedge\vec{R}_{AD} + \vec{\omega}_{AB}\wedge(\vec{\omega}_{AB}\wedge\vec{R}_{AD}) = \vec{A}_A + \vec{a}_{D/A}\big|_{tag} + \vec{a}_{D/A}\big|_{norm}$$

Ecuación 3.50

$$\vec{A}_D = \vec{A}_A + \begin{vmatrix} \vec{i} & \vec{j} & \vec{k} \\ 0 & 0 & \alpha_{AB} \\ R_{AD}\cos\theta_{AB} & R_{AD}\mathrm{sen}\theta_{AB} & 0 \end{vmatrix} +$$

Ecuación 3.51

$$+ \begin{vmatrix} \vec{i} & \vec{j} & \vec{k} \\ 0 & 0 & \omega_{AB} \\ -R_{AD}\cdot\omega_{AB}\cdot\mathrm{sen}\theta_{AB} & R_{AD}\cdot\omega_{AB}\cdot\cos\theta_{AB} & 0 \end{vmatrix}$$

$$A_D = \left(- R_{OA} \cdot \alpha_{OA} \cdot \operatorname{sen} \theta_{OA} - R_{OA} \cdot \omega_{OA}^2 \cdot \cos \theta_{OA}\right) \vec{i} +$$
$$+ \left(R_{OA} \cdot \alpha_{OA} \cdot \cos \theta_{OA} - R_{OA} \cdot \omega_{OA}^2 \cdot \operatorname{sen} \theta_{OA}\right) \vec{j} +$$
$$- \left(R_{AD} \cdot \alpha_{AB} \cdot \operatorname{sen} \theta_{AB} + R_{AD} \cdot \omega_{AB}^2 \cdot \cos \theta_{AB}\right) \vec{i} +$$
$$+ \left(R_{AD} \cdot \alpha_{AB} \cdot \cos \theta_{AB} - R_{AD} \cdot \omega_{AB}^2 \cdot \operatorname{sen} \theta_{AB}\right) \vec{j}$$

Ecuación 3.52

Reordenando y agrupando las componentes queda:

$$A_D = - R_{OA} \left(\alpha_{OA} \cdot \operatorname{sen} \theta_{OA} + \omega_{OA}^2 \cdot \cos \theta_{OA}\right) \vec{i} -$$
$$- R_{AD} \left(\alpha_{AB} \cdot \operatorname{sen} \theta_{AB} + \omega_{AB}^2 \cdot \cos \theta_{AB}\right) \vec{i} +$$
$$+ R_{OA} \left(\alpha_{OA} \cdot \cos \theta_{OA} - \omega_{OA}^2 \cdot \operatorname{sen} \theta_{OA}\right) \vec{j} +$$
$$+ R_{AD} \left(\alpha_{AB} \cdot \cos \theta_{AB} - \omega_{AB}^2 \cdot \operatorname{sen} \theta_{AB}\right) \vec{j}$$

Ecuación 3.53

donde se han de reemplazar las expresiones para ω_{AB} y α_{AB}, Ecuación 3.34 y Ecuación 3.44.

Las expresiones obtenidas no son excesivamente complejas, pero resultan laboriosas de trabajar, ya que incluyen numerosos términos. El modo más cómodo de operar es sustituyendo los valores y obtener los resultados numéricos, lo que reduce la complejidad para el cálculo de la cinemática en puntos, como ocurre con el centro del elemento 3, punto D. Sin embargo, al perder la dependencia con los parámetros limita las posibilidades de este método. En el caso de mecanismos más complejos con mayor número de elementos, estas expresiones resultan inapropiadas para su estudio. A esto hay que añadir, que, de forma general, no es posible resolver paso a paso cada uno de los parámetros que aparecen en los sistemas de ecuaciones, y es necesario recurrir a más puntos adicionales para realizar su composición de velocidades y de aceleraciones, con lo que la resolución requiere trabajar con sistemas de ecuaciones 4 x 4, 6 x 6, etc., lo cual es totalmente inviable. En tal caso, es muy laborioso obtener las expresiones explícitas en forma paramétrica para resolver las incógnitas en un instante, resolver un ciclo completo, etc. Esto hace que esta metodología no sea la más conveniente para resolver mecanismos.

3.1.3. Método de la ecuación de cierre

A partir de la definición de mecanismo, cabe destacar que éste estará formado por barras unidas mediante pares cinemáticos, por lo que siempre será posible crear al menos una cadena cinemática. Dependiendo de la topología y del número de barras del mecanismo, se podrán generar cadenas cinemáticas abiertas, en las que no hay posibilidad de retornar al punto de inicio, y cadenas cinemáticas cerradas en las que, a través de la consecución del paso por las barras, es posible volver al punto de origen, formando un bucle cerrado. Es importante conocer las posibilidades de que dispone el mecanismo para crear las cadenas cinemáticas, ya que permite relacionar puntos entre sí, a través de otros puntos intermedios que no forman parte del mecanismo, o además de los puntos reconocibles como pares cinemáticos que dan movilidad al mecanismo.

Esta técnica de resolución cinemática de mecanismos se basa en la suma de un sistema de vectores para obtener la resultante, véase en la Figura 3.5 el vector $\vec{R}_{AD} = \vec{R}_1 + \vec{R}_2 + \vec{R}_3$, de forma que en el caso de que esta resultante sea nula, $\vec{R}_{AD} = 0$, se tendrá un sistema cerrado, mientras que en caso contrario, $\vec{R}_{AD} \neq 0$, se tendrá un sistema abierto. Esto último es interesante recordarlo ya que, a partir del vector de posición entre dos puntos –vector resultante $\vec{R}_{AD}$ entre los puntos A y D en la Figura 3.5– se obtiene la ecuación que relaciona estos puntos y, mediante derivación respecto al tiempo, permite obtener las ecuaciones para la velocidad y aceleración.

Hay que ser cuidadoso para referenciar el punto final respecto de un punto fijo, con el fin de que se pueda resolver su posición, velocidad y aceleración absoluta, aunque también puede considerarse un punto móvil, con lo que se obtendrá la posición y cinemática relativa entre esos puntos. En cualquier caso, la resolución numérica de este vector de posición y su cinemática –entendida como el cálculo de la velocidad y aceleración– requiere conocer todos los parámetros de los que van a depender estas expresiones –se verá más adelante– con lo que, generalmente, no van a ser conocidos en el problema. Por ello, es necesario aplicar previamente la metodología de la ecuación de cierre para tener definidos todos los parámetros –módulo y ángulo– de los vectores y también su respectiva variación con el tiempo. Es aquí donde entra en juego la resolución cinemática de mecanismos mediante la ecuación de cierre y todas sus capacidades que se describen a continuación.

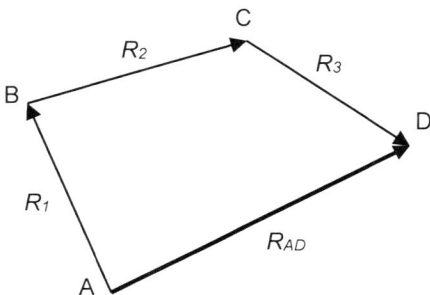

Figura 3.5. Suma de vectores en su sistema abierto. Fuente: elaboración propia

Este método, que también se denomina Método de Raven o de Lazo Vectorial, se basa en generar la ecuación de cierre de la cadena cinemática cerrada del mecanismo mediante vectores de posición. Esta cadena cerrada, véase la Figura 3.6, se puede crear de dos formas: 1.- desde un punto de origen, recorrer el mecanismo con vectores y retornar al mismo punto, para obtener una ecuación de la forma

$\vec{R}_2 + \vec{R}_3 + \vec{R}_4 + \vec{R}_5 = 0$ y 2.- desde un punto de origen, recorrer el mecanismo hasta un punto de destino por dos rutas diferentes e igualar la resultante de la suma de los vectores, por ejemplo: $\vec{R}_2 + \vec{R}_3 = \vec{R}_4 + \vec{R}_5 + \vec{R}_6$. La suma de vectores se ha de realizar de punto a punto, con lo que en el caso de que algún vector se encuentre dirigido en sentido contrario al recorrido, se le incluirá con un signo negativo "-". Véase la Figura 3.9, en la que se pueden crear las ecuaciones de cierre $\vec{R}_2 + \vec{R}_3 - \vec{R}_5 = 0$ y $\vec{R}_2 + \vec{R}_3 = \vec{R}_1 + \vec{R}_4$.

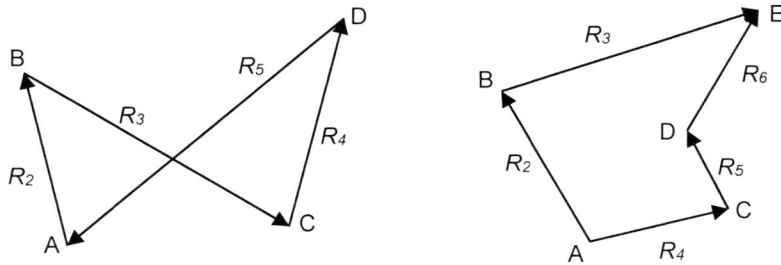

Figura 3.6. Sistemas de vectores cerrados. Fuente: elaboración propia

Al igual que ocurre con el método de álgebra vectorial, la descomposición de esta ecuación en las dos componentes del plano XY, permite obtener dos ecuaciones escalares con las que se podrán resolver dos incógnitas. A partir de la ecuación de cierre de la posición, mediante derivación respecto del tiempo, se obtienen las respectivas expresiones para la velocidad y aceleración. De igual forma que en la posición, se obtienen dos ecuaciones escalares en cada caso, permitiendo resolver dos incógnitas en velocidades y otras dos incógnitas para aceleraciones.

El sentido para los vectores no tiene importancia para crear el lazo vectorial, ya que en la resolución matemática de las ecuaciones real e imaginaria se ubicará cada ángulo del vector en el cuadrante correspondiente para ser adecuado al lazo escogido. En la resolución numérica de los ángulos, debe verificarse el cuadrante obtenido, ya que puede ocurrir que la trigonometría resuelva el ángulo complementario al que corresponde en el vector del lazo, y puede ser necesario sumar 90º o 180º al valor obtenido, según sea necesario. En caso de no hacer esta comprobación para llevar los ángulos al cuadrante correcto, los resultados en el manejo de las ecuaciones de la posición darán resultados erróneos, contradictorios o absurdos. En tal caso, la resolución de la velocidad y aceleración no proporcionará resultados coherentes.

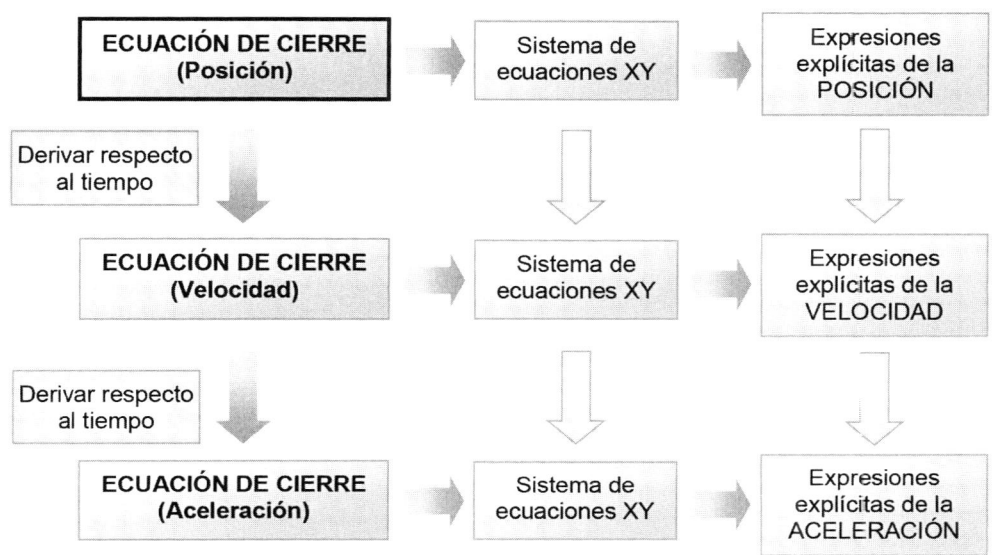

Figura 3.7. Esquema del Método de la ecuación de cierre. Fuente: elaboración propia

Dependiendo de la complejidad del mecanismo, podrán necesitarse varias ecuaciones de cierre, formando sistemas de ecuaciones de *2n* ecuaciones con *2n* incógnitas para la posición, y de forma idéntica para las velocidades y aceleraciones, donde *n* indica el número de lazos. Al trabajar de forma paramétrica, las posibilidades que ofrece este método son muy significativas, ya que, si se conoce la velocidad y la aceleración, puede formarse el sistema de ecuaciones para determinar la geometría que cumpla con esa cinemática, o bien, determinar la geometría del mecanismo que verifica la trayectoria de puntos, proceso que también es llamado síntesis del mecanismo, entre otros estudios.

El número mínimo de ecuaciones de cierre que son necesarias para resolver la posición, velocidad y aceleración de un mecanismo de *N* barras está condicionado por el número de grados de libertad, a partir de la expresión de Kutzbach, considerando que no contiene pares de orden 2, $j_2 = 0$:

$$GDL = 3(N-1) - 2j_1 - j_2 \quad \rightarrow \quad GDL + 3 = 3N - 2j_1 \qquad \text{Ecuación 3.54}$$

Para un caso sencillo en el que el mecanismo tenga GDL=1, se resuelve que el número de barras *N* debe ser par. (Reino Flores & Galán Marín, 2020)

$$1 + 3 = 3N - 2j_1 \quad \rightarrow \quad 4 = 3N - 2j_1 \qquad \text{Ecuación 3.55}$$

Considerando que: 1.- el bastidor es inmóvil y no aporta ninguna incógnita y 2.- se conocen los datos de posición, velocidad y aceleración del elemento de accionamiento o de algún elemento del mecanismo, es decir, hay dos elementos que son conocidos, el número de barras que son desconocidas es *N-2*. Teniendo en cuenta que en cada lazo se crean dos ecuaciones escalares, una en el eje X y otra en el eje Y, el número mínimo de ecuaciones de cierre será:

$$Num\_Lazos = \frac{N-2}{2}$$

Ecuación 3.56

Para facilitar el manejo de las ecuaciones y también al derivar, se emplea la notación de los vectores complejos en forma exponencial de Euler, Ecuación 3.57, y, para la resolución de los parámetros, en su descomposición en parte real e imaginaria, ya que se ha de verificar la ecuación simultáneamente en el campo real y en el imaginario, formándose un sistema de dos ecuaciones. Considerando la Figura 3.8 en la que se representa un vector en coordenadas polares de módulo, R, y ángulo anti horario, θ, este se podrá expresar:

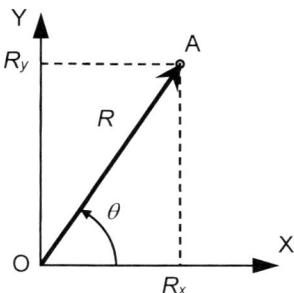

Figura 3.8. Sistema de referencia cartesiano y polar. Fuente: elaboración propia

$$Euler \;\rightarrow\; e^{j\theta} = \cos\theta + j\,\mathrm{sen}\,\theta$$

Ecuación 3.57

$$\vec{R}_A = R\,e^{j\theta} = (R\cos\theta + R\,\mathrm{sen}\,\theta) = R\cos\theta + jR\,\mathrm{sen}\,\theta$$

Ecuación 3.58

siendo $j = \sqrt{-1}$ el identificativo de la parte imaginaria.

La velocidad del punto A se obtendrá por derivación respecto al tiempo del vector de posición. El ejemplo de la nomenclatura de Euler en forma exponencial simplifica las expresiones y permite trabajar más cómodamente:

$$\vec{V}_A = \frac{d\vec{R}_A}{dt} = \frac{d}{dt} R\,e^{j\theta} = \frac{dR}{dt}e^{j\theta} + R\frac{d}{dt}\left(e^{j\theta}\right) = \frac{dR}{dt}e^{j\theta} + R\frac{d}{dt}\left(j\theta\right)e^{j\theta}$$

Ecuación 3.59

Considerando la notación $\dot{R} = \dfrac{dR}{dt}$ y $\dot{\theta} = \dfrac{d\theta}{dt}$ para simplificar los términos que representan la variación con respecto al tiempo y que $j = \sqrt{-1}$ es una constante resulta:

$$\vec{V}_A = \dot{R}\,e^{j\theta} + Rj\dot{\theta}e^{j\theta}$$

Ecuación 3.60

En esta expresión, que se corresponde con la Ecuación 2.90 del Apartado 2.1.6 Cinemática del punto en sistemas no inerciales, el término $\dot{R}\,e^{j\theta}$ representa la velocidad de elongación del módulo del vector y $Rj\dot\theta e^{j\theta}$ corresponde a la velocidad tangencial debida a una rotación.

Aplicando la notación de Euler, Ecuación 3.57 para expresar las coordenadas cartesianas de este vector velocidad, considerando que $j^2 = -1$, también puede reescribirse como

$$\vec{V}_A = \dot{R}\,e^{j\theta} + Rj\dot\theta e^{j\theta} = \dot{R}(\cos\theta + j\,\mathrm{sen}\,\theta) + Rj\dot\theta(\cos\theta + j\,\mathrm{sen}\,\theta) \qquad \textbf{Ecuación 3.61}$$

$$\vec{V}_A = \dot{R}\cos\theta - R\dot\theta\,\mathrm{sen}\,\theta + j(\dot{R}\,\mathrm{sen}\,\theta + R\dot\theta\cos\theta) \qquad \textbf{Ecuación 3.62}$$

Derivando nuevamente la Ecuación 3.60, se obtendrá la expresión para la aceleración de A:

$$\vec{A}_A = \frac{d\vec{V}_A}{dt} = \frac{d}{dt}\left(\dot{R}\,e^{j\theta} + Rj\dot\theta e^{j\theta}\right) =$$

$$= \frac{d\dot{R}}{dt}e^{j\theta} + \dot{R}\frac{d}{dt}(e^{j\theta}) + \frac{dR}{dt}j\dot\theta e^{j\theta} + Rj\frac{d\dot\theta}{dt}e^{j\theta} + Rj\dot\theta\frac{d}{dt}(e^{j\theta})$$

Ecuación 3.63

Y considerando la notación de la segunda variación con respecto al tiempo de los parámetros, $\ddot{R} = \dfrac{d\dot{R}}{dt}$ y $\ddot\theta = \dfrac{d\dot\theta}{dt}$ y $j^2 = -1$, queda:

$$\vec{A}_A = \ddot{R}\,e^{j\theta} + 2\cdot\dot{R}j\dot\theta e^{j\theta} + Rj\ddot\theta e^{j\theta} - R\dot\theta^2 e^{j\theta} \qquad \textbf{Ecuación 3.64}$$

Como se puede observar, al igual que en el caso de las velocidades, también se corresponde con la expresión obtenida en la Ecuación 2.92 del Apartado 2.1.6 Cinemática del punto en sistemas no inerciales, en la que cada termino representa:

$$\vec{A}_A\Big|_{elongación} = \ddot{R}\,e^{j\theta} \qquad \textbf{Ecuación 3.65}$$

$$\vec{A}_A\Big|_{normal} = -R\dot\theta^2 e^{j\theta} \qquad \textbf{Ecuación 3.66}$$

$$\vec{A}_A\Big|_{tangencial} = Rj\ddot\theta\,e^{j\theta} \qquad \textbf{Ecuación 3.67}$$

$$\vec{A}_A\Big|_{Coriolis} = 2\cdot\dot{R}j\dot\theta\,e^{j\theta} \qquad \textbf{Ecuación 3.68}$$

Aplicando la notación de Euler, Ecuación 3.57 para representar las coordenadas cartesianas:

$$\vec{A}_A = \ddot{R}(\cos\theta + j\,\mathrm{sen}\,\theta) + 2\cdot\dot{R}j\dot\theta(\cos\theta + j\,\mathrm{sen}\,\theta) +$$
$$+ Rj\ddot\theta(\cos\theta + j\,\mathrm{sen}\,\theta) - R\dot\theta^2(\cos\theta + j\,\mathrm{sen}\,\theta) \qquad \textbf{Ecuación 3.69}$$

Y, organizando componentes queda:

$$\vec{A}_A = \ddot{R}\cos\theta - 2\cdot\dot{R}\dot{\theta}\,\mathrm{sen}\,\theta - R\ddot{\theta}\,\mathrm{sen}\,\theta - R\dot{\theta}^2\cos\theta +$$
$$+ j(\ddot{R}\,\mathrm{sen}\,\theta + 2\cdot\dot{R}\dot{\theta}\cos\theta + R\ddot{\theta}\cos\theta - R\dot{\theta}^2\mathrm{sen}\,\theta)$$

Ecuación 3.70

Nótese que la derivada respecto al tiempo de la posición de un vector en componentes real e imaginaria, Ecuación 3.58, es coincidente con la Ecuación 3.62 y derivando nuevamente esta expresión de la velocidad en componente real e imaginaria también obtiene la Ecuación 3.70. Esto es importante a destacar ya que permite trabajar con notación de Euler o compleja indistintamente.

3.1.3.1. Importancia de la ecuación de cierre

La selección de una ecuación de cierre adecuada es clave para resolver la cinemática de un mecanismo del modo más eficiente. En ocasiones no se presta atención a la selección de la ecuación de lazo, ni qué términos aparecen en el momento de derivar para las velocidades y aceleraciones. Realizar una reflexión previa para escoger la más conveniente resulta, por lo general, en un beneficio notable en la resolución del sistema de ecuaciones real e imaginaria.

A modo de ejemplo de aplicación, se considera nuevamente el mecanismo biela-manivela corredera, Figura 3.9, en el que se han representado los vectores de posición R_2, R_3 y R_5 del Lazo 2 para los puntos O-A-B y un punto C adicional que se mantiene en la horizontal y sobre la vertical que pasa por B, con sus vectores de posición R_1 y R_4, para el Lazo 3. La imagen representa 3 posibles lazos para estos vectores. El sentido que se considera para los vectores es arbitrario, pero la ecuación de cierre ha de ser consecuente con la suma, o resta, de estos vectores.

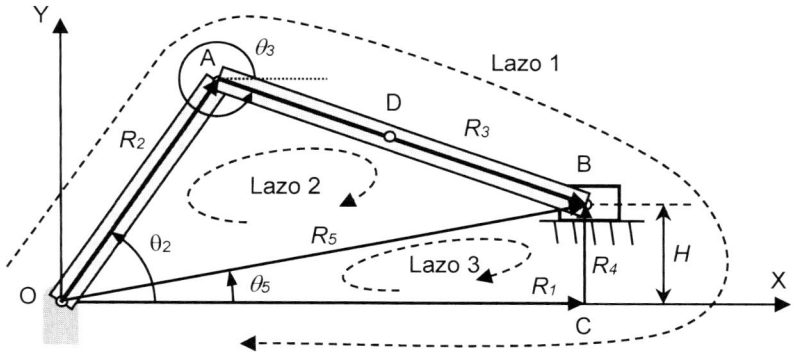

Figura 3.9. Vectores de posición para las ecuaciones de cierre. Fuente: elaboración propia

La incorporación del punto C, en un primer momento, puede parecer que añade más dificultad y trabajo en la obtención de las expresiones matemáticas puesto que añade un vector adicional y aparecerán más términos al derivar, pero como se verá a continuación, frente a la opción de cerrar el lazo directamente con OB directamente, esta última opción es menos aconsejable. De los lazos indicados cabe observar varios efectos a tener en consideración:

- El Lazo 1, pasando por el punto adicional C, incluye el elemento de accionamiento y también a la corredera, por lo que es válido para el resolver este problema:

$$\vec{R}_2 + \vec{R}_3 = \vec{R}_1 + \vec{R}_4 \qquad\qquad \textbf{Ecuación 3.71}$$

- A esta ecuación de cierre también se puede llegar mediante el siguiente razonamiento. El Lazo 1 es suma del Lazo 2 y Lazo 3, *Lazo 1 = Lazo 2 + Lazo 3*, y al ser común el vector $\vec{R}_5$ para ambos, el sistema de ecuaciones escalares resultante de estos dos lazos, pasa de tener 2 ecuaciones reales y 2 imaginarias a una ecuación real y una imaginaria, simplificándose significativamente, como se demuestra a continuación:

$$\left.\begin{array}{l} \vec{R}_5 = \vec{R}_2 + \vec{R}_3 \\ \vec{R}_5 = \vec{R}_1 + \vec{R}_4 \end{array}\right\} \;\rightarrow\; \vec{R}_2 + \vec{R}_3 = \vec{R}_5 = \vec{R}_1 + \vec{R}_4 \qquad \textbf{Ecuación 3.72}$$

- Como alternativa al anterior, el Lazo 2, al incluir al elemento de entrada, elemento 2, y la deslizadera es suficiente para resolver este problema. Sin embargo, incluye el vector $\vec{R}_5$ que cambia en longitud y ángulo, lo cual complica la resolución con dos incógnitas, siendo necesarias condiciones adicionales, como se podrá comprobar más adelante:

$$\vec{R}_2 + \vec{R}_3 = \vec{R}_5 \qquad\qquad \textbf{Ecuación 3.73}$$

- El Lazo 3 por sí mismo, segunda ecuación de cierre en la Ecuación 3.72, $\vec{R}_5 = \vec{R}_1 + \vec{R}_4$, no incluye al elemento de accionamiento, elemento 2, por lo que no permite la resolución en este ejercicio, ya que no se podrán incluir los datos de entrada, tanto en ángulo y velocidad y aceleración angular.

- Al incluir el punto adicional E que marca la horizontal en el eje X del punto A, véase Figura 3.10, se puede crear el Lazo 4, pero no incluye la corredera, con lo que es necesario recurrir también al Lazo 5, a través del vector común $\vec{R}_7$. En tal caso, se observa claramente que el Lazo 1 es suma del Lazo 4 y Lazo 5, *Lazo 1 = Lazo 4 + Lazo 5*:

$$\left.\begin{array}{l} \vec{R}_2 = \vec{R}_6 + \vec{R}_7 \\ \vec{R}_7 + \vec{R}_3 = \vec{R}_8 + \vec{R}_4 \end{array}\right\} \;\rightarrow\; \vec{R}_2 - \vec{R}_6 = \vec{R}_7 = \vec{R}_8 + \vec{R}_4 - \vec{R}_3 \qquad \textbf{Ecuación 3.74}$$

- Hay que observar que $\vec{R}_6$, $\vec{R}_7$ y $\vec{R}_8$ varían su módulo, y dado que $\vec{R}_6 + \vec{R}_8 = \vec{R}_1$, se demuestra que es coincidente con el Lazo 1, comentado en la primera alternativa. La ecuación anterior pasa a ser:

$$\vec{R}_2 + \vec{R}_3 = \vec{R}_8 + \vec{R}_4 + \vec{R}_6 \;\rightarrow\; \vec{R}_2 + \vec{R}_3 = \vec{R}_1 + \vec{R}_4 \qquad \textbf{Ecuación 3.75}$$

- En este caso no existen más lazos que puedan ser tenidos en consideración para resolver este ejercicio

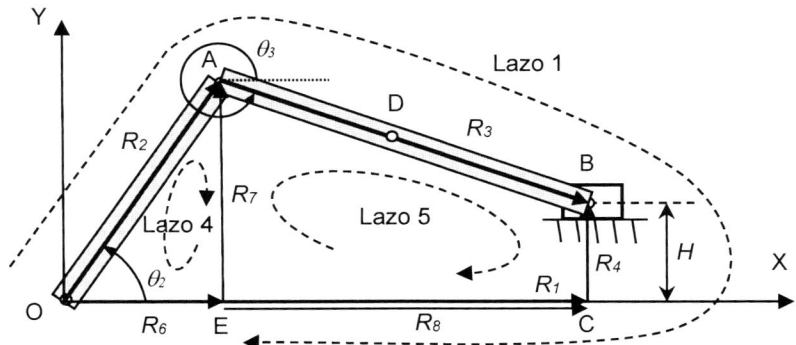

Figura 3.10. Lazos 4 y 5 para ecuación de cierre. Fuente: elaboración propia

Como apoyo al razonamiento anterior se plantea la resolución de este ejercicio mediante 2 planteamientos: 1.- empleando solamente el lazo 1, y 2.- la alternativa con el lazo 2 + lazo 3, en la que se puede comprobar la variación del tratamiento y el trabajo que requiere la resolución según las ecuaciones de cierre empleadas y la importancia que tienen. Además, también se demuestran las propiedades de las funciones derivadas para las expresiones real e imaginaria de las velocidades y aceleraciones, en relación con las de la posición.

3.1.3.2. Cálculo de la posición con Lazo 1

Considerando el lazo 1, en la Figura 3.9, la ecuación vectorial de cierre para la posición es:

$$\vec{R}_2 + \vec{R}_3 = \vec{R}_1 + \vec{R}_4$$

Ecuación 3.76

Expresando en forma exponencial, Ecuación 3.57

$$R_2 e^{j\theta_2} + R_3 e^{j\theta_3} = R_1 e^{j\theta_1} + R_4 e^{j\theta_4}$$

Ecuación 3.77

En esta ecuación se conocen los módulos de los vectores $\vec{R}_2$, $\vec{R}_3$ y $\vec{R}_4$ y además los ángulos $\theta_1 = 0°$, θ_2 y $\theta_4 = 90°$. Para no perder generalidad, se mantendrán estos parámetros en el desarrollo. Las incógnitas en esta expresión son el ángulo del elemento 3, θ_3, y la distancia horizontal de la corredera, R_1. Expresando esta ecuación en las coordenadas del número complejo, dadas por la notación de Euler, Ecuación 3.57:

$$R_2(\cos\theta_2 + j\text{sen}\theta_2) + R_3(\cos\theta_3 + j\text{sen}\theta_3) =$$
$$= R_1(\cos\theta_1 + j\text{sen}\theta_1) + R_4(\cos\theta_4 + j\text{sen}\theta_4)$$

Ecuación 3.78

La suma de dos números complejos es también un número complejo, tanto en el miembro de la derecha como en el de la izquierda. En consecuencia, para que dos números complejos sean iguales, se ha cumplir la igualdad del módulo y del argumento. O lo que es lo mismo, han de tener la misma componente real e imaginaria. Separando en componente real e imaginaria, se obtendrán dos ecuaciones escalares con las que se podrán resolver estas dos incógnitas.

$$\left.\begin{array}{l} R_2 \cos\theta_2 + R_3 \cos\theta_3 = R_1 \cos\theta_1 + R_4 \cos\theta_4 \\ R_2 \mathrm{sen}\,\theta_2 + R_3 \mathrm{sen}\,\theta_3 = R_1 \mathrm{sen}\,\theta_1 + R_4 \mathrm{sen}\,\theta_4 \end{array}\right\}$$

Ecuación 3.79

La resolución de estas ecuaciones es bastante sencilla, ya que $\theta_1 = 0°$ y $\theta_4 = 90°$, y el sistema de ecuaciones está parcialmente desacoplado, como se resolverá a continuación.

Es necesario realizar aquí un inciso para orientar en la resolución de las expresiones. Puede presentarse el caso de que sea necesario resolver dos ángulos, como ocurre en el caso del mecanismo de cuadrilátero articulado, y no es posible despejarlos directamente, ya que se encuentran dentro de la función trigonométrica seno o coseno. Un modo para resolver estas incógnitas es el empleo de software matemático, por ejemplo, Matlab. Como alternativa, también se puede hacer uso de las propiedades trigonométricas. A continuación, se muestra cómo actuar cuando se dispone de dos ángulos desconocidos. Supóngase que fuesen θ_3 y otro ángulo arbitrario de la Ecuación 3.79. Teniendo en cuenta que siempre se verifica la relación trigonométrica del ángulo θ: $\cos^2\theta + \mathrm{sen}^2\theta = 1$, si se despeja de la Ecuación 3.79, los términos $\cos\theta_3$ y $\mathrm{sen}\,\theta_3$, se elevan al cuadrado y se suman, se obtendrá una expresión en la que no aparecerá el término θ_3 ya que, $\cos^2\theta_3 + \mathrm{sen}^2\theta_3 = 1$, quedando de la forma:

$$\left.\begin{array}{l} R_3 \cos\theta_3 = R_1 \cos\theta_1 + R_4 \cos\theta_4 - R_2 \cos\theta_2 \\ R_3 \mathrm{sen}\,\theta_3 = R_1 \mathrm{sen}\,\theta_1 + R_4 \mathrm{sen}\,\theta_4 - R_2 \mathrm{sen}\,\theta_2 \end{array}\right\}$$

Ecuación 3.80

Elevando al cuadrado y sumando ambas expresiones:

$$(R_3 \cos\theta_3)^2 + (R_3 \mathrm{sen}\,\theta_3)^2 =$$
$$= (R_1 \cos\theta_1 + R_4 \cos\theta_4 - R_2 \cos\theta_2)^2 + (R_1 \mathrm{sen}\,\theta_1 + R_4 \mathrm{sen}\,\theta_4 - R_2 \mathrm{sen}\,\theta_2)^2$$

Ecuación 3.81

$$R_3^2(\cos^2\theta_3 + \mathrm{sen}^2\theta_3) =$$
$$= (R_1 \cos\theta_1 + R_4 \cos\theta_4 - R_2 \cos\theta_2)^2 + (R_1 \mathrm{sen}\,\theta_1 + R_4 \mathrm{sen}\,\theta_4 - R_2 \mathrm{sen}\,\theta_2)^2$$

Ecuación 3.82

$$R_3^2 = (R_1 \cos\theta_1 + R_4 \cos\theta_4 - R_2 \cos\theta_2)^2 +$$
$$+ (R_1 \mathrm{sen}\,\theta_1 + R_4 \mathrm{sen}\,\theta_4 - R_2 \mathrm{sen}\,\theta_2)^2$$

Ecuación 3.83

En la expresión obtenida es necesario aplicar el trinomio de Newton y que no contiene el término θ_3. En el desarrollo de esta ecuación, para simplificar, se puede considerar la relación trigonometría para la suma de los ángulos A y B, cumpliéndose:

$$\operatorname{sen}(A \pm B) = \operatorname{sen} A \cos B \pm \cos A \operatorname{sen} B$$

$$\cos(A \pm B) = \cos A \cos B \mp \operatorname{sen} A \operatorname{sen} B$$

Ecuación 3.84

Volviendo a la Ecuación 3.79, y considerando los datos que son conocidos, $R_4 = H$, $\theta_1 = 0°$ y $\theta_4 = 90°$ se resuelve:

$$\left.\begin{array}{l} R_2 \cos\theta_2 + R_3 \cos\theta_3 = R_1 \cos\theta_1 \\ R_2 \operatorname{sen}\theta_2 + R_3 \operatorname{sen}\theta_3 = R_4 \operatorname{sen}\theta_4 \end{array}\right\}$$

Ecuación 3.85

$$\left.\begin{array}{l} R_2 \cos\theta_2 + R_3 \cos\theta_3 = R_1 \\ R_2 \operatorname{sen}\theta_2 + R_3 \operatorname{sen}\theta_3 = H \end{array}\right\}$$

Ecuación 3.86

Despejando de la ecuación imaginaria:

$$\operatorname{sen}\theta_3 = \frac{H - R_2 \operatorname{sen}\theta_2}{R_3}$$

Ecuación 3.87

Por lo que el ángulo buscado para el elemento 3 se obtiene de la expresión:

$$\theta_3 = \operatorname{arcsen}\left(\frac{H - R_2 \operatorname{sen}\theta_2}{R_3}\right)$$

Ecuación 3.88

con lo que la distancia de la deslizadera, R_1, puede ser resuelta de la ecuación real directamente:

$$R_1 = R_2 \cos\theta_2 + R_3 \cos\theta_3 \qquad \textbf{Ecuación 3.89}$$

El resultado de la Ecuación 3.88 y Ecuación 3.89, muestran la dependencia de estas incógnitas con el resto de variables. De igual forma ocurrirá con el cálculo de las velocidades y las aceleraciones. Esto es importante a destacar, puesto que permite recalcular los resultados al modificar algún dato, realizar un ciclo completo del elemento de entrada, obtener el máximo y mínimo y la carrera de la corredera, etc.

Con las ecuaciones de Lazo de la posición se ha podido resolver la geometría completa que ocupa el mecanismo para cualquier instante de tiempo en función del ángulo θ_2, por lo que puede ser particularizado para un instante concreto. Observando esta última afirmación, la variación de estas funciones explícitas con respecto al tiempo, Ecuación 3.88 y Ecuación 3.89, determinarán, al igual que en el caso del método trigonométrico, las expresiones correspondientes para la velocidad y la aceleración. Sin embargo, esto no correspondería al tratamiento mediante la ecuación de cierre, ya que se obtendría por derivación directa de las expresiones explícitas de la posición, no haciendo uso de la metodología de Ecuación de Cierre para las velocidades ni aceleraciones.

3.1.3.3. Cálculo de la velocidad con Lazo 1

Derivando la ecuación de Lazo 1 de la posición en forma exponencial respecto al tiempo, Ecuación 3.77, se obtendrá la ecuación de la velocidad en forma exponencial.

$$\frac{d}{dt}\left(R_2 e^{j\theta_2} + R_3 e^{j\theta_3}\right) = \frac{d}{dt}\left(R_1 e^{j\theta_1} + R_4 e^{j\theta_4}\right)$$

Ecuación 3.90

Considerando que las magnitudes de los elementos son constantes, la ecuación de cierre para las velocidades en el Lazo 1 queda:

$$R_2 j \dot{\theta}_2 e^{j\theta_2} + R_3 j \dot{\theta}_3 e^{j\theta_3} = \dot{R}_1 e^{j\theta_1}$$

Ecuación 3.91

siendo $V \equiv \dot{R} = \dfrac{dR}{dt}$ y $\dot{\theta} \equiv \omega = \dfrac{d\theta}{dt}$.

Se observa que esta expresión representa la composición de velocidades entre los puntos A y B, y cumple con la Ecuación 2.7, expresada nuevamente aquí por comodidad:

$$\vec{V}_B = \vec{V}_A + \vec{V}_{B/A}$$

Ecuación 3.92

siendo

$$\vec{V}_A = R_2 j \dot{\theta}_2 e^{j\theta_2}$$

Ecuación 3.93

$$\vec{V}_{B/A} = R_3 j \dot{\theta}_3 e^{j\theta_3}$$

Ecuación 3.94

$$\vec{V}_B = \dot{R}_1 e^{j\theta_1}$$

Ecuación 3.95

Las incógnitas de esta ecuación son la velocidad angular del elemento 3, $\dot{\theta}_3$ y la velocidad de la deslizadera, $\dot{R}_1$, que se podrán resolver aplicando la notación de Euler y separando en parte real e imaginaria para disponer de un sistema de dos ecuaciones escalares con dos incógnitas, tal y como ocurría en el caso de las posiciones. Expresando la notación de Euler en forma compleja:

$$R_2 j \dot{\theta}_2 (\cos\theta_2 + j\mathrm{sen}\theta_2) + R_3 j \dot{\theta}_3 (\cos\theta_3 + j\mathrm{sen}\theta_3) = \dot{R}_1 (\cos\theta_1 + j\mathrm{sen}\theta_1)$$

Ecuación 3.96

y separando en componentes:

$$\left.\begin{array}{l} -R_2 \dot{\theta}_2 \mathrm{sen}\theta_2 - R_3 \dot{\theta}_3 \mathrm{sen}\theta_3 = \dot{R}_1 \cos\theta_1 \\ R_2 \dot{\theta}_2 \cos\theta_2 + R_3 \dot{\theta}_3 \cos\theta_3 = \dot{R}_1 \mathrm{sen}\theta_1 \end{array}\right\}$$

Ecuación 3.97

Aplicando sobre las expresiones anteriores que $\theta_1 = 0°$, se obtiene nuevamente un sistema de ecuaciones parcialmente desacoplado y se podrá resolver de forma inmediata:

$$\left.\begin{array}{l} -R_2 \dot{\theta}_2 \mathrm{sen}\theta_2 - R_3 \dot{\theta}_3 \mathrm{sen}\theta_3 = \dot{R}_1 \\ R_2 \dot{\theta}_2 \cos\theta_2 + R_3 \dot{\theta}_3 \cos\theta_3 = 0 \end{array}\right\}$$

Ecuación 3.98

De la ecuación imaginaria se despeja la velocidad angular el elemento 3:

$$\dot{\theta}_3 = -\dot{\theta}_2 \frac{R_2 \cos\theta_2}{R_3 \cos\theta_3}$$

Ecuación 3.99

y sustituyendo en la ecuación real se resuelve la expresión para la velocidad absoluta de la deslizadera:

$$\dot{R}_1 = R_2 \dot{\theta}_2 (\cos\theta_2 \cdot \text{tag}\,\theta_3 - \text{sen}\,\theta_2)$$

Ecuación 3.100

Se puede comprobar que estos resultados son coincidentes con los obtenidos por el Método del álgebra vectorial, Ecuación 3.34 y Ecuación 3.36.

3.1.3.4. Cálculo de la aceleración con Lazo 1

La ecuación de la aceleración se obtendrá derivando la ecuación de cierre de la velocidad en forma exponencial respecto al tiempo, Ecuación 3.91:

$$\frac{d}{dt}(R_2 j\dot{\theta}_2 e^{j\theta_2} + R_3 j\dot{\theta}_3 e^{j\theta_3}) = \frac{d}{dt}(\dot{R}_1 e^{j\theta_1})$$

Ecuación 3.101

$$R_2 j\ddot{\theta}_2 e^{j\theta_2} - R_2 \dot{\theta}_2^2 e^{j\theta_2} + R_3 j\ddot{\theta}_3 e^{j\theta_3} - R_3 \dot{\theta}_3^2 e^{j\theta_3} = \ddot{R}_1 e^{j\theta_1}$$

Ecuación 3.102

donde $A \equiv \ddot{R} = \dfrac{d\dot{R}}{dt} \equiv \dfrac{dV}{dt}$ y $\alpha \equiv \ddot{\theta} = \dfrac{d\dot{\theta}}{dt} \equiv \dfrac{d\omega}{dt}$.

También aquí se cumple la composición de aceleraciones entre los puntos A y B, obtenida previamente en la Ecuación 2.8, $\vec{A}_B = \vec{A}_A + \vec{A}_{B/A}$, en la que cada término corresponde a:

$$\vec{A}_A = \vec{A}_A\big|_{normal} + \vec{A}_A\big|_{tangencial} = -R_2 \dot{\theta}_2^2 e^{j\theta_2} + R_2 j\ddot{\theta}_2 e^{j\theta_2}$$

Ecuación 3.103

$$\vec{A}_{B/A} = \vec{A}_{B/A}\big|_{normal} + \vec{A}_{B/A}\big|_{tangencial} = -R_3 \dot{\theta}_3^2 e^{j\theta_3} + R_3 j\ddot{\theta}_3 e^{j\theta_3}$$

Ecuación 3.104

$$\vec{A}_B = \ddot{R}_1 e^{j\theta_1}$$

Ecuación 3.105

En la Ecuación 3.102, las incógnitas a resolver son la aceleración angular del elemento 3, $\ddot{\theta}_3$, y la aceleración de la deslizadera, $\ddot{R}_1$. Aplicando la notación de Euler, se podrá descomponer en parte real e imaginaria, con lo que se tendrá un sistema de dos ecuaciones escalares con dos incógnitas.

$$R_2 j\ddot{\theta}_2(\cos\theta_2 + j\text{sen}\,\theta_2) - R_2 \dot{\theta}_2^2(\cos\theta_2 + j\text{sen}\,\theta_2) +$$
$$+ R_3 j\ddot{\theta}_3(\cos\theta_3 + j\text{sen}\,\theta_3) - R_3 \dot{\theta}_3^2(\cos\theta_3 + j\text{sen}\,\theta_3) =$$
$$= \ddot{R}_1(\cos\theta_1 + j\text{sen}\,\theta_1)$$

Ecuación 3.106

$$\left.\begin{array}{l} - R_2 \ddot{\theta}_2\text{sen}\,\theta_2 - R_2 \dot{\theta}_2^2 \cos\theta_2 - R_3 \ddot{\theta}_3\text{sen}\,\theta_3 - R_3 \dot{\theta}_3^2 \cos\theta_3 = \ddot{R}_1 \cos\theta_1 \\ R_2 \ddot{\theta}_2 \cos\theta_2 - R_2 \dot{\theta}_2^2\text{sen}\,\theta_2 + R_3 \ddot{\theta}_3 \cos\theta_3 - R_3 \dot{\theta}_3^2\text{sen}\,\theta_3 = \ddot{R}_1\text{sen}\,\theta_1 \end{array}\right\}$$

Ecuación 3.107

Considerando en este sistema que $\theta_1 = 0°$, también se vuelve a obtener un sistema parcialmente desacoplado, con lo que la resolución es casi inmediata.

$$\left. \begin{array}{l} - R_2\ddot{\theta}_2 \mathrm{sen}\,\theta_2 - R_2\dot{\theta}_2^2 \cos\theta_2 - R_3\ddot{\theta}_3 \mathrm{sen}\,\theta_3 - R_3\dot{\theta}_3^2 \cos\theta_3 = \ddot{R}_1 \\ R_2\ddot{\theta}_2 \cos\theta_2 - R_2\dot{\theta}_2^2 \mathrm{sen}\,\theta_2 + R_3\ddot{\theta}_3 \cos\theta_3 - R_3\dot{\theta}_3^2 \mathrm{sen}\,\theta_3 = 0 \end{array} \right\}$$

Ecuación 3.108

Despejando de la ecuación imaginaria, se obtiene la expresión explícita para la aceleración angular de la biela:

$$\ddot{\theta}_3 = \frac{- R_2\ddot{\theta}_2 \cos\theta_2 + R_2\dot{\theta}_2^2 \mathrm{sen}\,\theta_2 + R_3\dot{\theta}_3^2 \mathrm{sen}\,\theta_3}{R_3 \cos\theta_3}$$

Ecuación 3.109

y sustituyendo en la real:

$$\ddot{R}_1 = -R_2\ddot{\theta}_2 (\mathrm{sen}\,\theta_2 - \cos\theta_2 \cdot \mathrm{tag}\,\theta_3) - R_2\dot{\theta}_2^2 (\cos\theta_2 + \mathrm{sen}\,\theta_2 \cdot \mathrm{tag}\,\theta_3) - $$
$$ - R_3\dot{\theta}_3^2 (\cos\theta_3 + \mathrm{sen}\,\theta_3 \mathrm{tag}\,\theta_3)$$

Ecuación 3.110

Estos resultados son idénticos a los obtenidos en la Ecuación 3.44 y Ecuación 3.46 aplicando el Método de álgebra vectorial.

Se puede comprobar que la derivación respecto al tiempo del sistema de ecuaciones real e imaginaria de la posición, Ecuación 3.85, proporciona el sistema de ecuaciones para la velocidad, Ecuación 3.97, y derivando nuevamente, la correspondiente para el sistema de ecuaciones de la aceleración, Ecuación 3.107 Además, se cumple que si se derivan respecto al tiempo las ecuaciones explícitas de la posición para θ_3 y R_1, Ecuación 3.87 y Ecuación 3.89 se obtienen las expresiones explícitas para la velocidad, $\dot{\theta}_3$ y $\dot{R}_1$, Ecuación 3.99 y Ecuación 3.100. Y, derivando estas últimas respecto al tiempo se obtienen las ecuaciones explícitas para $\ddot{\theta}_3$ y $\ddot{R}_1$, Ecuación 3.109 y Ecuación 3.110. Esto es importante ya que demuestra todo el potencial que ofrece este método frente al resto, ya que emplea ecuaciones paramétricas.

Como se ha indicado anteriormente, este ejercicio también se puede resolver considerando el vector de cierre $\vec{R}_5$, Figura 3.9, formando el Lazo 2. Con el fin de poder comparar la metodología y las ventajas de escoger convenientemente la ecuación de cierre, se aplicará nuevamente el mismo procedimiento con esta nueva ecuación de Cierre: *Lazo 2*.

3.1.3.5. Cálculo de la posición con Lazo 2

La ecuación vectorial de cierre de la posición para este lazo es:

$$\vec{R}_2 + \vec{R}_3 = \vec{R}_5$$

Ecuación 3.111

Expresando en forma exponencial:

$$R_2 e^{j\theta_2} + R_3 e^{j\theta_3} = R_5 e^{j\theta_5}$$

Ecuación 3.112

donde se desconoce el ángulo del elemento 3 y el módulo y argumento del vector de cierre, vector $\vec{R}_5$, es decir, θ_3, R_5 y θ_5. Esto es un inconveniente ya que al descomponer en la parte real e imaginaria solamente se dispondrán de 2 ecuaciones que no permiten resolver estas 3 incógnitas. Esto obliga a tener que buscar una tercera ecuación para formar un sistema compatible determinado de 3 ecuaciones con 3 incógnitas.

Aplicando la notación de Euler y descomponiendo en real e imaginaria, se tiene el sistema de ecuaciones:

$$R_2(\cos\theta_2 + j\mathrm{sen}\theta_2) + R_3(\cos\theta_3 + j\mathrm{sen}\theta_3) = R_5(\cos\theta_5 + j\mathrm{sen}\theta_5)$$ **Ecuación 3.113**

$$\left.\begin{array}{l} R_2\cos\theta_2 + R_3\cos\theta_3 = R_5\cos\theta_5 \\ R_2\mathrm{sen}\theta_2 + R_3\mathrm{sen}\theta_3 = R_5\mathrm{sen}\theta_5 \end{array}\right\}$$ **Ecuación 3.114**

De la Figura 3.9, relacionando el vector $\vec{R}_5$ con la cota vertical de la corredera, se puede obtener la tercera ecuación que falta para añadir al sistema anterior y resolver las tres incógnitas:

$$R_5\mathrm{sen}\theta_5 = H$$ **Ecuación 3.115**

Es decir, el sistema que ha de resolverse está formado por las ecuaciones:

$$\left.\begin{array}{l} R_2\cos\theta_2 + R_3\cos\theta_3 = R_5\cos\theta_5 \\ R_2\mathrm{sen}\theta_2 + R_3\mathrm{sen}\theta_3 = R_5\mathrm{sen}\theta_5 \\ R_5\mathrm{sen}\theta_5 = H \end{array}\right\}$$ **Ecuación 3.116**

De la ecuación imaginaria se resuelve el ángulo de la biela:

$$\mathrm{sen}\theta_3 = \frac{R_5\mathrm{sen}\theta_5 - R_2\mathrm{sen}\theta_2}{R_3} = \frac{H - R_2\mathrm{sen}\theta_2}{R_3}$$ **Ecuación 3.117**

Elevando al cuadrado cada expresión del sistema Ecuación 3.114, y sumando las ecuaciones y considerando la relación trigonométrica de la suma de ángulos, Ecuación 3.84, se despeja R_5:

$$(R_5\cos\theta_5)^2 + (R_5\mathrm{sen}\theta_5)^2 =$$
$$= (R_2\cos\theta_2 + R_3\cos\theta_3)^2 + (R_2\mathrm{sen}\theta_2 + R_3\mathrm{sen}\theta_3)^2$$ **Ecuación 3.118**

$$R_5^2 = R_2^2\cos^2\theta_2 + R_3^2\cos^2\theta_3 + 2R_3R_2\cos\theta_2\cos\theta_3 +$$
$$+ R_2^2\mathrm{sen}^2\theta_2 + R_3^2\mathrm{sen}^2\theta_3 + 2R_2R_3\mathrm{sen}\theta_2\mathrm{sen}\theta_3$$ **Ecuación 3.119**

La expresión explícita para la posición absoluta de la corredera respecto al sistema de referencia en el punto O es:

$$R_5^2 = R_2^2 + R_3^2 + 2R_3R_2\cos(\theta_2 - \theta_3)$$ **Ecuación 3.120**

Y, por último, de la Ecuación 3.115 se resuelve la dirección del ángulo de este vector de posición:

$$R_5\mathrm{sen}\theta_5 = H \;\rightarrow\; \mathrm{sen}\theta_5 = \frac{H}{R_5} \;\rightarrow\; \theta_5 = \arcsin\!\left(\frac{H}{R_5}\right)$$ **Ecuación 3.121**

3.1.3.6. Cálculo de la velocidad con Lazo 2

La ecuación de cierre en forma exponencial de este Lazo 2 se obtiene derivando respecto al tiempo la ecuación de la posición en forma exponencial, Ecuación 3.112.

$$\frac{d}{dt}\left(R_2 e^{j\theta_2} + R_3 e^{j\theta_3}\right) = \frac{d}{dt}\left(R_5 e^{j\theta_5}\right)$$

Ecuación 3.122

$$R_2 j\dot\theta_2 e^{j\theta_2} + R_3 j\dot\theta_3 e^{j\theta_3} = \dot R_5 e^{j\theta_5} + R_5 j\dot\theta_5 e^{j\theta_5}$$

Ecuación 3.123

que representa la ecuación de la velocidad del Lazo 2 en forma exponencial. Los parámetros que son desconocidos son la velocidad angular del elemento 3, $\dot\theta_3$ y la velocidad de la deslizadera expresada por, $\dot R_5$ y $\dot\theta_5$. Se puede comprobar que en esta expresión vuelve a representarse la composición de velocidades entre los puntos A y B: $\vec V_B = \vec V_A + \vec V_{B/A}$, estando ahora $\vec V_B$ expresada como:

$$\vec V_B = \dot R_1 e^{j\theta_1} = \dot R_5 e^{j\theta_5} + R_5 j\dot\theta_5 e^{j\theta_5}$$

Ecuación 3.124

Convirtiendo la exponencial de la ecuación anterior en forma compleja, se podrá separar en parte real e imaginaria y obtener dos ecuaciones.

$$R_2 j\dot\theta_2 (\cos\theta_2 + j\,\mathrm{sen}\,\theta_2) + R_3 j\dot\theta_3 (\cos\theta_3 + j\,\mathrm{sen}\,\theta_3) =$$
$$= \dot R_5 (\cos\theta_5 + j\,\mathrm{sen}\,\theta_5) + R_5 j\dot\theta_5 (\cos\theta_5 + j\,\mathrm{sen}\,\theta_5)$$

Ecuación 3.125

$$\left.\begin{aligned} -R_2 \dot\theta_2 \,\mathrm{sen}\,\theta_2 - R_3 \dot\theta_3 \,\mathrm{sen}\,\theta_3 &= \dot R_5 \cos\theta_5 - R_5 \dot\theta_5 \,\mathrm{sen}\,\theta_5 \\ R_2 \dot\theta_2 \cos\theta_2 + R_3 \dot\theta_3 \cos\theta_3 &= \dot R_5 \,\mathrm{sen}\,\theta_5 + R_5 \dot\theta_5 \cos\theta_5 \end{aligned}\right\}$$

Ecuación 3.126

y derivando la Ecuación 3.115 respecto al tiempo, se obtiene la tercera ecuación para resolver las tres incógnitas.

$$\frac{d}{dt}\left(R_5 \,\mathrm{sen}\,\theta_5\right) = \frac{d}{dt}H \;\;\rightarrow\;\; \dot R_5 \,\mathrm{sen}\,\theta_5 + R_5 \dot\theta_5 \cos\theta_5 = 0$$

Ecuación 3.127

Sustituyendo la Ecuación 3.127 en la Ecuación 3.126, se despeja la velocidad angular del elemento 3, $\dot\theta_3$:

$$R_2 \dot\theta_2 \cos\theta_2 + R_3 \dot\theta_3 \cos\theta_3 = \dot R_5 \,\mathrm{sen}\,\theta_5 + R_5 \dot\theta_5 \cos\theta_5 = 0$$

Ecuación 3.128

y despejando $\dot\theta_3$:

$$\dot\theta_3 = -\frac{R_2 \dot\theta_2 \cos\theta_2}{R_3 \cos\theta_3}$$

Ecuación 3.129

Nótese que la expresión explícita obtenida para la velocidad de rotación de la biela, Ecuación 3.129, es coincidente con la obtenida en la Ecuación 3.99 para el Lazo 1.

Despejando $\dot{\theta}_5$ de la Ecuación 3.127 para sustituir en la ecuación real y aplicando la expresión obtenida para Ecuación 3.129, se resuelve la velocidad de elongación del vector 5:

$$\dot{\theta}_5 = -\frac{\dot{R}_5 \operatorname{sen}\theta_5}{R_5 \cos\theta_5} = -\frac{\dot{R}_5}{R_5}\operatorname{tag}\theta_5 \qquad \text{Ecuación 3.130}$$

$$-R_2\dot{\theta}_2\operatorname{sen}\theta_2 - R_3\left(-\frac{R_2\dot{\theta}_2\cos\theta_2}{R_3\cos\theta_3}\right)\operatorname{sen}\theta_3 = \qquad \text{Ecuación 3.131}$$

$$= \dot{R}_5\cos\theta_5 - R_5\left(-\frac{\dot{R}_5\operatorname{sen}\theta_5}{R_5\cos\theta_5}\right)\operatorname{sen}\theta_5$$

$$-R_2\dot{\theta}_2\operatorname{sen}\theta_2 + R_2\dot{\theta}_2\cos\theta_2\operatorname{tag}\theta_3 = \dot{R}_5\cos\theta_5 + \dot{R}_5\operatorname{sen}\theta_5\operatorname{tag}\theta_5 \qquad \text{Ecuación 3.132}$$

Despejando se obtiene la expresión explícita para la velocidad de la deslizadera, $\dot{R}_5$:

$$\dot{R}_5 = R_2\dot{\theta}_2\frac{\cos\theta_2\operatorname{tag}\theta_3 - \operatorname{sen}\theta_2}{\cos\theta_5 + \operatorname{sen}\theta_5\operatorname{tag}\theta_5} \qquad \text{Ecuación 3.133}$$

Desarrollando los términos de esta expresión se puede simplificar:

$$\dot{R}_5 = R_2\dot{\theta}_2\frac{\cos\theta_2\operatorname{tag}\theta_3 - \operatorname{sen}\theta_2}{\cos\theta_5 + \operatorname{sen}\theta_5\dfrac{\operatorname{sen}\theta_5}{\cos\theta_5}} = R_2\dot{\theta}_2\frac{\cos\theta_2\operatorname{tag}\theta_3 - \operatorname{sen}\theta_2}{\dfrac{\cos^2\theta_5 + \operatorname{sen}^2\theta_5}{\cos\theta_5}} \qquad \text{Ecuación 3.134}$$

$$\dot{R}_5 = R_2\dot{\theta}_2\left(\cos\theta_2\operatorname{tag}\theta_3 - \operatorname{sen}\theta_2\right)\cos\theta_5 \qquad \text{Ecuación 3.135}$$

Y sustituyendo esta expresión en la Ecuación 3.127 o Ecuación 3.130 se resuelve la velocidad angular del vector 5, $\dot{\theta}_5$:

$$\dot{R}_5\operatorname{sen}\theta_5 + R_5\dot{\theta}_5\cos\theta_5 = 0 \quad \rightarrow \quad \dot{\theta}_5 = -\frac{\dot{R}_5\operatorname{sen}\theta_5}{R_5\cos\theta_5} \qquad \text{Ecuación 3.136}$$

$$\dot{\theta}_5 = -\frac{R_2\dot{\theta}_2\left(\cos\theta_2\operatorname{tag}\theta_3 - \operatorname{sen}\theta_2\right)\cos\theta_5}{R_5}\operatorname{tag}\theta_5 \qquad \text{Ecuación 3.137}$$

$$\dot{\theta}_5 = R_2\dot{\theta}_2\frac{\left(\operatorname{sen}\theta_2 - \cos\theta_2\operatorname{tag}\theta_3\right)}{R_5}\operatorname{sen}\theta_5 \qquad \text{Ecuación 3.138}$$

3.1.3.7. Cálculo de la aceleración con Lazo 2

Tomando la ecuación de lazo en forma exponencial de la velocidad, Ecuación 3.123 y derivando respecto al tiempo, se obtiene la ecuación de cierre en forma exponencial para la aceleración.

$$\frac{d}{dt}\left(R_2 j\dot{\theta}_2 e^{j\theta_2} + R_3 j\dot{\theta}_3 e^{j\theta_3}\right) = \frac{d}{dt}\left(\dot{R}_5 e^{j\theta_5} + R_5 j\dot{\theta}_5 e^{j\theta_5}\right)$$

Ecuación 3.139

$$R_2 j\ddot{\theta}_2 e^{j\theta_2} - R_2 \dot{\theta}_2^2 e^{j\theta_2} + R_3 j\ddot{\theta}_3 e^{j\theta_3} - R_3 \dot{\theta}_3^2 e^{j\theta_3} =$$
$$= \ddot{R}_5 e^{j\theta_5} + R_5 j\ddot{\theta}_5 e^{j\theta_5} - R_5 \dot{\theta}_5^2 e^{j\theta_5} + 2\cdot\dot{R}_5 j\dot{\theta}_5 e^{j\theta_5}$$

Ecuación 3.140

Las incógnitas para esta ecuación son: la aceleración angular del elemento 3, $\ddot{\theta}_3$ y la aceleración del vector 5, tanto en módulo, $\ddot{R}_5$, como en aceleración angular, $\ddot{\theta}_5$. En este caso, el vector 5, cambia en dirección y también en ángulo, lo que provoca que aparezca el término de la aceleración de Coriolis en la expresión general de la aceleración de un punto A, vista en la Ecuación 3.64 y también en el Apartado 2.1.6 Cinemática del punto en sistemas no inerciales, Ecuación 2.83. Separando en parte real e imaginaria se obtiene el sistema de ecuaciones a resolver, al cual se le tendrá que añadir la derivada de la Ecuación 3.127, formando un sistema con 3 ecuaciones con las que resolver las 3 incógnitas indicadas.

$$\left.\begin{array}{l} -R_2 \ddot{\theta}_2 \mathrm{sen}\theta_2 - R_2 \dot{\theta}_2^2 \cos\theta_2 - R_3 \ddot{\theta}_3 \mathrm{sen}\theta_3 - R_3 \dot{\theta}_3^2 \cos\theta_3 = \\ = \ddot{R}_5 \cos\theta_5 - R_5 \ddot{\theta}_5 \mathrm{sen}\theta_5 - R_5 \dot{\theta}_5^2 \cos\theta_5 - 2\dot{R}_5 \dot{\theta}_5 \mathrm{sen}\theta_5 \\ R_2 \ddot{\theta}_2 \cos\theta_2 - R_2 \dot{\theta}_2^2 \mathrm{sen}\theta_2 + R_3 \ddot{\theta}_3 \cos\theta_3 - R_3 \dot{\theta}_3^2 \mathrm{sen}\theta_3 = \\ = \ddot{R}_5 \mathrm{sen}\theta_5 + R_5 \ddot{\theta}_5 \cos\theta_5 - R_5 \dot{\theta}_5^2 \mathrm{sen}\theta_5 + 2\dot{R}_5 \dot{\theta}_5 \cos\theta_5 \end{array}\right\}$$

Ecuación 3.141

$$\frac{d}{dt}\left(\dot{R}_5 \mathrm{sen}\theta_5 + R_5 \dot{\theta}_5 \cos\theta_5\right) = 0 \quad \rightarrow$$

Ecuación 3.142

$$\rightarrow \ddot{R}_5 \mathrm{sen}\theta_5 + 2\dot{R}_5 \dot{\theta}_5 \cos\theta_5 + R_5 \ddot{\theta}_5 \cos\theta_5 - R_5 \dot{\theta}_5^2 \mathrm{sen}\theta_5 = 0$$

Sustituyendo esta última en la ecuación imaginaria, se resuelve $\ddot{\theta}_3$

$$R_2 \ddot{\theta}_2 \cos\theta_2 - R_2 \dot{\theta}_2^2 \mathrm{sen}\theta_2 + R_3 \ddot{\theta}_3 \cos\theta_3 - R_3 \dot{\theta}_3^2 \mathrm{sen}\theta_3 = 0$$

Ecuación 3.143

La expresión explícita para calcular numéricamente la aceleración angular de la biela es:

$$\ddot{\theta}_3 = \frac{R_2 \dot{\theta}_2^2 \mathrm{sen}\theta_2 + R_3 \dot{\theta}_3^2 \mathrm{sen}\theta_3 - R_2 \ddot{\theta}_2 \cos\theta_2}{R_3 \cos\theta_3}$$

Ecuación 3.144

Nótese que esta ecuación explícita es coincidente con la obtenida mediante la ecuación de cierre 1, Ecuación 3.109, con lo que se comprueban las capacidades de este método.

Despejado $\ddot{\theta}_5$ de la Ecuación 3.142 y sustituyendo la expresión explícita obtenida para $\ddot{\theta}_3$ en la ecuación real del sistema Ecuación 3.141, se resuelve la aceleración lineal del vector 5, $\ddot{R}_5$:

$$\ddot{\theta}_5 = \frac{R_5\dot{\theta}_5^2\,\mathrm{sen}\,\theta_5 - \ddot{R}_5\mathrm{sen}\,\theta_5 - 2\dot{R}_5\dot{\theta}_5\cos\theta_5}{R_5\cos\theta_5}$$

Ecuación 3.145

$$- R_2\ddot{\theta}_2\mathrm{sen}\,\theta_2 - R_2\dot{\theta}_2^2\cos\theta_2 -$$

$$- R_3\frac{R_2\dot{\theta}_2^2\,\mathrm{sen}\,\theta_2 + R_3\dot{\theta}_3^2\,\mathrm{sen}\,\theta_3 - R_2\ddot{\theta}_2\cos\theta_2}{R_3\cos\theta_3}\mathrm{sen}\,\theta_3 -$$

$$- R_3\dot{\theta}_3^2\cos\theta_3 = \ddot{R}_5\cos\theta_5 -$$

Ecuación 3.146

$$- R_5\frac{R_5\dot{\theta}_5^2\,\mathrm{sen}\,\theta_5 - \ddot{R}_5\mathrm{sen}\,\theta_5 - 2\dot{R}_5\dot{\theta}_5\cos\theta_5}{R_5\cos\theta_5}\mathrm{sen}\,\theta_5 -$$

$$- R_5\dot{\theta}_5^2\cos\theta_5 - 2\dot{R}_5\dot{\theta}_5\mathrm{sen}\,\theta_5$$

Arreglando y agrupando términos en esta expresión:

$$- R_2\ddot{\theta}_2\mathrm{sen}\,\theta_2 - R_2\dot{\theta}_2^2\cos\theta_2 - \left(R_2\dot{\theta}_2^2\,\mathrm{sen}\,\theta_2 + R_3\dot{\theta}_3^2\,\mathrm{sen}\,\theta_3 - R_2\ddot{\theta}_2\cos\theta_2\right)\mathrm{tag}\,\theta_3 -$$

$$- R_3\dot{\theta}_3^2\cos\theta_3 = \ddot{R}_5\cos\theta_5 - \left(R_5\dot{\theta}_5^2\,\mathrm{sen}\,\theta_5 - \ddot{R}_5\mathrm{sen}\,\theta_5 - 2\dot{R}_5\dot{\theta}_5\cos\theta_5\right)\mathrm{tag}\,\theta_5 -$$

$$- R_5\dot{\theta}_5^2\cos\theta_5 - 2\dot{R}_5\dot{\theta}_5\mathrm{sen}\,\theta_5$$

Ecuación 3.147

Factorizando términos:

$$R_2\ddot{\theta}_2(\cos\theta_2\mathrm{tag}\,\theta_3 - \mathrm{sen}\,\theta_2) - R_2\dot{\theta}_2^2(\mathrm{sen}\,\theta_2\mathrm{tag}\,\theta_3 + \cos\theta_2) -$$

$$- R_3\dot{\theta}_3^2(\cos\theta_3 + \mathrm{sen}\,\theta_3\mathrm{tag}\,\theta_3) = \ddot{R}_5(\cos\theta_5 + \mathrm{sen}\,\theta_5\mathrm{tag}\,\theta_5) -$$

$$- R_5\dot{\theta}_5^2(\mathrm{sen}\,\theta_5\mathrm{tag}\,\theta_5 + \cos\theta_5) + 2\dot{R}_5\dot{\theta}_5(\cos\theta_5\mathrm{tag}\,\theta_5 - \mathrm{sen}\,\theta_5)$$

Ecuación 3.148

La expresión explícita obtenida para $\ddot{R}_5$ se puede simplificar de forma considerable:

$$\ddot{R}_5 = \frac{\begin{array}{l}R_2\ddot{\theta}_2(\cos\theta_2\mathrm{tag}\,\theta_3 - \mathrm{sen}\,\theta_2) + R_2\dot{\theta}_2^2(\mathrm{sen}\,\theta_2\mathrm{tag}\,\theta_3 + \cos\theta_2) - \\ - R_3\dot{\theta}_3^2(\cos\theta_3 + \mathrm{sen}\,\theta_3\mathrm{tag}\,\theta_3) + R_5\dot{\theta}_5^2(\mathrm{sen}\,\theta_5\mathrm{tag}\,\theta_5 + \cos\theta_5) - \\ - 2\dot{R}_5\dot{\theta}_5(\cos\theta_5\mathrm{tag}\,\theta_5 - \mathrm{sen}\,\theta_5)\end{array}}{(\cos\theta_5 + \mathrm{sen}\,\theta_5\mathrm{tag}\,\theta_5)}$$

Ecuación 3.149

$$\ddot{R}_5 = \left[\begin{array}{l}R_2\ddot{\theta}_2(\cos\theta_2\mathrm{tag}\,\theta_3 - \mathrm{sen}\,\theta_2) + R_2\dot{\theta}_2^2(\mathrm{sen}\,\theta_2\mathrm{tag}\,\theta_3 + \cos\theta_2) - \\ - R_3\dot{\theta}_3^2(\cos\theta_3 + \mathrm{sen}\,\theta_3\mathrm{tag}\,\theta_3) + R_5\dot{\theta}_5^2(\mathrm{sen}\,\theta_5\mathrm{tag}\,\theta_5 + \cos\theta_5) - \\ - 2\dot{R}_5\dot{\theta}_5(\cos\theta_5\mathrm{tag}\,\theta_5 - \mathrm{sen}\,\theta_5)\end{array}\right]\cos\theta_5$$

Ecuación 3.150

$$\ddot{R}_5 = (R_2\ddot{\theta}_2(\cos\theta_2\mathrm{tag}\,\theta_3 - \mathrm{sen}\,\theta_2) + R_2\dot{\theta}_2^2(\mathrm{sen}\,\theta_2\mathrm{tag}\,\theta_3 + \cos\theta_2) -$$

$$- R_3\dot{\theta}_3^2\frac{\cos\theta_5}{\cos\theta_3} + R_5\dot{\theta}_5^2$$

Ecuación 3.151

Por último, de la expresión Ecuación 3.145 se despeja la aceleración angular del vector 5, $\ddot{\theta}_5$.

3.1.3.8. Cálculo de la velocidad y aceleración del punto D

La ecuación de cierre también se puede plantear para resolver la cinemática de puntos del sistema. Aunque la ecuación del vector de posición, respecto de un punto fijo, parece no dar mucha información sobre el punto, se puede derivar respecto al tiempo para obtener la ecuación que define su velocidad y, mediante la segunda derivada, la ecuación de la aceleración para este punto. En este lazo, todos los parámetros en que se basa el vector de posición han de ser resueltos previamente, como es el caso. Para calcular la velocidad del punto medio del elemento 3, punto D, el modo más cómodo es recurrir a la ecuación de cierre, Lazo 6, indicado en la Figura 3.11, y derivarla respecto al tiempo para obtener la velocidad en forma compleja, de la cual se puede determinar el módulo del vector y su argumento. La aceleración se resuelve de igual modo, es decir, procediendo a la segunda derivada del vector de posición.

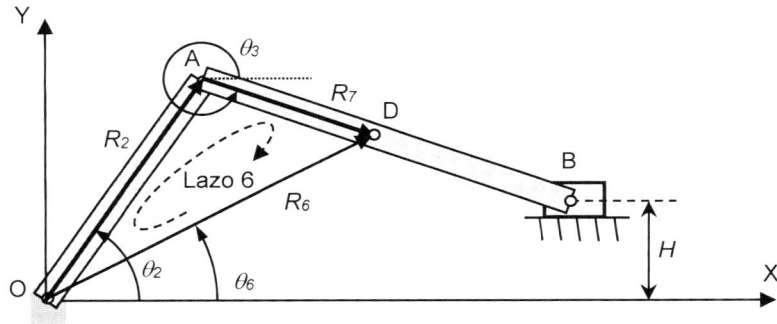

Figura 3.11. Ecuación de cierre para el punto D. Fuente: elaboración propia

El vector de posición que relaciona el punto D respecto del punto fijo O, es:

$$\vec{R}_{OD} = R_2 e^{j\theta_2} + R_7 e^{j\theta_7} \qquad \textbf{Ecuación 3.152}$$

Derivando respecto al tiempo, la velocidad es:

$$\vec{V}_{OD} = \frac{d}{dt}\vec{R}_{OD} = \frac{d}{dt}\left(R_2 e^{j\theta_2} + R_7 e^{j\theta_7}\right) \qquad \textbf{Ecuación 3.153}$$

$$\vec{V}_{OD} = R_2 j\dot{\theta}_2 e^{j\theta_2} + R_7 j\dot{\theta}_7 e^{j\theta_7} \qquad \textbf{Ecuación 3.154}$$

Esta expresión se corresponde con la composición de velocidades entre los puntos D, A y O. Descomponiendo este vector en coordenadas cartesianas, mediante la notación de Euler, queda:

$$\vec{V}_{OD} = (-R_2\dot{\theta}_2 \text{sen}\,\theta_2 - R_7\dot{\theta}_7 \text{sen}\,\theta_7)\vec{i} + (R_2\dot{\theta}_2 \cos\theta_2 + R_7\dot{\theta}_7 \cos\theta_7)\vec{j} \qquad \textbf{Ecuación 3.155}$$

Derivando nuevamente, la aceleración del punto D queda:

$$\vec{A}_{OD} = \frac{d}{dt}\vec{V}_{OD} = \frac{d}{dt}\left(R_2 j \dot{\theta}_2 e^{j\theta_2} + R_7 j \dot{\theta}_7 e^{j\theta_7}\right)$$ Ecuación 3.156

$$\vec{A}_{OD} = R_2 j \ddot{\theta}_2 e^{j\theta_2} - R_2 \dot{\theta}_2^2 e^{j\theta_2} + R_7 j \ddot{\theta}_7 e^{j\theta_7} - R_7 \dot{\theta}_7^2 e^{j\theta_7}$$ Ecuación 3.157

La aceleración lineal absoluta del punto D expresada en componentes real e imaginaria es:

$$\vec{A}_{OD} = -\left(R_2 \ddot{\theta}_2 \text{sen}\,\theta_2 + R_2 \dot{\theta}_2^2 \cos\theta_2 + R_7 \ddot{\theta}_7 \text{sen}\,\theta_7 + R_7 \dot{\theta}_7^2 \cos\theta_7\right)\vec{i} +$$
$$+ \left(R_2 \ddot{\theta}_2 \cos\theta_2 - R_2 \dot{\theta}_2^2 \text{sen}\,\theta_2 + R_7 \ddot{\theta}_7 \cos\theta_7 - R_7 \dot{\theta}_7^2 \text{sen}\,\theta_7\right)\vec{j}$$ Ecuación 3.158

De la Figura 3.11, se observa que $R_7 = \dfrac{R_3}{2}$, $\theta_7 \equiv \theta_3$, $\dot{\theta}_7 \equiv \dot{\theta}_3$ y $\ddot{\theta}_7 \equiv \ddot{\theta}_3$, por lo que el resultado para el punto D queda, Ecuación 3.155 y Ecuación 3.158:

$$\vec{V}_{OD} = -(R_2 \dot{\theta}_2 \text{sen}\,\theta_2 + \frac{R_3}{2}\dot{\theta}_3 \text{sen}\,\theta_3)\vec{i} + (R_2 \dot{\theta}_2 \cos\theta_2 + \frac{R_3}{2}\dot{\theta}_3 \cos\theta_3)\vec{j}$$ Ecuación 3.159

$$\vec{A}_{OD} = -\left(R_2 \ddot{\theta}_2 \text{sen}\,\theta_2 + R_2 \dot{\theta}_2^2 \cos\theta_2 + \frac{R_3}{2}\ddot{\theta}_3 \text{sen}\,\theta_3 + \frac{R_3}{2}\dot{\theta}_3^2 \cos\theta_3\right)\vec{i} +$$
$$+ \left(R_2 \ddot{\theta}_2 \cos\theta_2 - R_2 \dot{\theta}_2^2 \text{sen}\,\theta_2 + \frac{R_3}{2}\ddot{\theta}_3 \cos\theta_3 - \frac{R_3}{2}\dot{\theta}_3^2 \text{sen}\,\theta_3\right)\vec{j}$$ Ecuación 3.160

Obsérvese que estos resultados coinciden con los obtenidos para el punto D en el Método de álgebra vectorial, Ecuación 3.49 y Ecuación 3.53.

En lo que respecta a las aceleraciones, las ecuaciones explícitas obtenidas contienen gran cantidad de parámetros que pueden ser calculados sin dificultad, ya que son dependientes de la posición y velocidad, pero muestran la relación con el resto de parámetros y permiten recalcular rápidamente los resultados del problema al cambiar cualquier variable: modificar una longitud, calcular un ciclo completo, etc., todo ello sin necesidad de resolver la velocidad previamente.

Las expresiones explícitas obtenidas en la velocidad se corresponden con la expresión derivada respecto al tiempo de las correspondientes expresiones explícitas de la posición, es decir, por ejemplo, derivando respecto al tiempo la Ecuación 3.117 obtenida para θ_3, se obtiene la expresión correspondiente para $\dot{\theta}_3$, Ecuación 3.129. De forma análoga se cumple para el resto de parámetros en velocidad y también aceleración, tal como ha ocurrido en el Lazo 1.

La comparativa de la resolución de las ecuaciones explícitas entre las dos ecuaciones de cierre, permite concluir que, para resolver la cinemática de un mecanismo de forma eficiente, es conveniente optar, siempre que sea posible, por vectores que o bien cambian su módulo o bien su ángulo, como ocurre con los dos vectores que no cambian el ángulo, vectores $\vec{R}_1$ y $\vec{R}_4$, donde se ha simplificado considerablemente el tratamiento matemático. Por ello, resulta muy importante seleccionar la ecuación de cierre, teniendo en cuenta las variables que no son nulas al derivar, para que la resolución de las velocidades y aceleraciones sea cómoda.

No existe un método para seleccionar las ecuaciones de cierre, ya que cada problema es diferente a otro. En ocasiones, alguna parte del mecanismo es fácilmente reconocible como mecanismo básico (biela-manivela, cuadrilátero articulado, etc.) y ya se conoce qué ecuación de cierre es la más adecuada. La experiencia en la resolución de ejercicios ofrece un grado de destreza que ayuda en gran medida a la elección de las ecuaciones y cuántas van a ser necesarias. Evidentemente, como pauta para comenzar a resolverlo, el primer lazo ha de comenzar necesariamente por incluir al elemento del que se da información, que generalmente es la barra de entrada del mecanismo, aunque puede ser una barra intermedia, e intentar formar lazos con pocos vectores, dado que cada uno genera 2 ecuaciones y solo pueden resolverse 2 incógnitas. Es conveniente resolver pequeñas zonas del mecanismo y buscar muchos lazos de pocos vectores que intentar incluir muchos vectores en pocos lazos, pues dificulta la resolución, dado que contendrá diversas incógnitas y requerirá formar sistemas de ecuaciones.

3.1.4. Método gráfico de los centros instantáneos de rotación (CIR)

Hasta ahora se han estudiado diversas técnicas para resolver las expresiones cinemáticas de forma analítica. Como alternativa, teniendo en consideración que estas expresiones vectoriales representan la suma de vectores, y dado que los vectores pueden ser representados en un plano, permite desarrollar procedimientos gráficos.

Se define el concepto de Centro Instantáneo de Rotación (CIR) como un punto que pertenece a dos barras del mecanismo y que representa el punto de rotación de una de estas barras respecto de la otra. Generalmente, este punto se representa por I. A modo de ejemplo, el CIR I_{24}, representa el punto de giro de la barra 2 respecto a la 4 y viceversa, por lo que, al referirse a un punto, se cumple que $I_{24} = I_{42}$, y se puede identificar indistintamente. Estas barras pueden estar en contacto directo o sin contacto entre ellas, como se verá más adelante.

Para entender esta metodología, es conveniente repasar los conceptos vistos previamente en el Apartado 2.1.3 Cinemática del punto en movimiento de rotación y que aquí son de aplicación. Esta metodología se basa en considerar que, en cada instante de tiempo, véase la Ecuación 2.13 para una trayectoria en rotación, $\vec{V}_A = \vec{\omega} \wedge \vec{R}_A$, el movimiento cinemático de cada elemento se realiza mediante un giro alrededor de un punto, que corresponde al centro instantáneo de rotación, y que cambia de ubicación en cada instante de tiempo. Dado que la trayectoria de cada elemento es diferente, cada barra que forma el mecanismo tendrá un CIR –que será relativo entre barras– distinto para cualquier instante de tiempo. A partir de la ecuación general de composición de velocidades entre dos puntos A y B pertenecientes a una misma barra, desarrollada en el Apartado 2.1.4 Cinemática del punto en movimiento general plano, Ecuación 2.21, $\vec{V}_B = \vec{V}_A + \vec{V}_{B/A}$, es posible realizar el estudio cinemático de cualquier mecanismo, considerando que el punto de referencia es el CIR relativo entre barras, y por tanto, su velocidad es nula en cada instante, $\vec{V}_I = 0$. Es necesario recordar aquí, que cada elemento tiene asociada una única velocidad de rotación ω alrededor del CIR, con lo que cada punto que forme parte del elemento tendrá la misma velocidad de giro en torno a ese CIR. Esta propiedad es interesante porque permite resolver la ubicación de cada CIR, y con ello las distancias hasta cada punto de la barra.

Considérese el ejemplo mostrado en la Figura 3.12, en la que el elemento AB gira en la articulación A, que tiene velocidad absoluta $\vec{V}_A$. La velocidad de B, $\vec{V}_B$, se podrá relacionar mediante la condición:

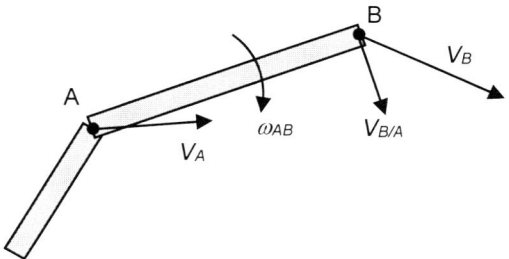

Figura 3.12. Movimiento de giro alrededor de A. Fuente: elaboración propia

$$\vec{V}_B = \vec{V}_A + \vec{V}_{B/A} = \vec{V}_A + \vec{\omega} \wedge \vec{R}_{B/A}$$ **Ecuación 3.161**

Tomando la Ecuación 2.21 genérica que relaciona la velocidad relativa entre dos puntos arbitrarios A y B, —reescrita por comodidad en la ecuación anterior— reemplazando el punto de referencia A por el punto I (CIR), permite determinar la velocidad de los puntos que giran alrededor de cada CIR. Así pues, de modo genérico las velocidades de dos puntos, B y C, de una barra se podrán relacionar con la velocidad instantánea de su CIR, I, que, al ser el punto de giro instantáneo, su velocidad será nula en este instante, más la velocidad relativa entre ambos, quedando de la forma:

$$\vec{V}_B = \vec{V}_I + \vec{V}_{B/I} = 0 + \vec{\omega}_I \wedge \vec{R}_{IB}$$ **Ecuación 3.162**

$$\vec{V}_C = \vec{V}_I + \vec{V}_{C/I} = 0 + \vec{\omega}_I \wedge \vec{R}_{IC}$$ **Ecuación 3.163**

De la Ecuación 3.162 y Ecuación 3.163 se observa que, en un movimiento general plano, la barra se moverá en el plano que la contiene, y, siendo $\vec{\omega}_I$ un vector ortogonal a este plano, las velocidades $\vec{V}_B$ y $\vec{V}_C$ serán vectores que estarán contenidos en este plano y además ortogonales al radio de giro con el punto de giro, es decir, el CIR de la barra. Obsérvese que, como en cualquier método cinemático, para aplicar esta metodología deben conocerse los datos de la posición del mecanismo, y la resolución será válida para el instante considerado. En caso de ser estos desconocidos, es necesario recurrir a otra técnica para cuantificarlos: representación gráfica, trigonometría, etc.

Considérese el caso de un objeto que gira sin deslizar sobre una superficie, Figura 3.13, que puede ilustrar el ejemplo de una rueda de bicicleta u otro caso de similares características. El punto de contacto corresponde al CIR y la velocidad de cada punto del objeto se obtiene mediante la ortogonal al radio que os une al punto de giro y con valor $V = \omega_I \cdot R$. Puede observarse que los puntos B, D y C tienen la misma velocidad, ya que mantienen el mismo radio de giro, y que la velocidad de A es el doble a la del punto O, ya que dista el doble de distancia hasta el CIR. En el movimiento del objeto, este CIR habrá cambiado a otra posición, pero los puntos homólogos en la nueva posición que se corresponden a los representados en la figura, tendrán las mismas velocidades a las representadas aquí.

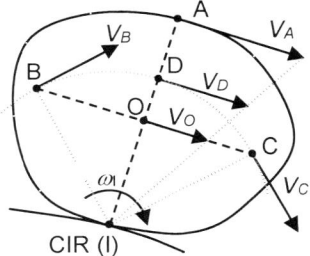

Figura 3.13. Velocidades en una rotación alrededor del CIR. Fuente: elaboración propia

Sin embargo, aunque la base de este razonamiento es simple, para poder aplicar las expresiones cinemáticas en un mecanismo que contiene mayor número de elementos, es necesario determinar con anterioridad la ubicación de estos CIR, resultando muy práctico emplear la resolución gráfica. Es importante destacar que los puntos del mecanismo describirán trayectorias circulares alrededor de su CIR, por lo que sus velocidades siempre serán ortogonales al radio virtual que los une al CIR. Así pues, partiendo de la dirección de la velocidad absoluta conocida de al menos dos puntos de un mismo elemento, trazando líneas ortogonales se encontrará el punto de corte que marcará su CIR. Esto puede comprobarse en la Figura 3.13. Hay que hacer notar que cada CIR está asociado a dos elementos del mecanismo. Como se verá más adelante, no es necesario que estos tengan contacto entre sí. En el ejemplo anterior, el objeto gira sin posibilidad de deslizamiento respecto al bastidor, por lo que el punto I relaciona el movimiento entre ambos.

Para un mecanismo, en el caso de disponer de articulaciones fijas al bastidor, estos puntos corresponderán al CIR de cada barra en rotación y se mantendrán invariables con el tiempo. Una corredera que describe un deslizamiento rectilíneo, tendrá un radio infinito, con lo que su velocidad de rotación será nula: $\omega = \dfrac{V}{R \to \infty} = 0$, lo que confirma el movimiento de translación de la deslizadera.

3.1.4.1. Velocidad de sucesión del CIR y aceleración del CIR

Anteriormente se ha indicado que la posición del CIR cambia en cada instante, por lo que resulta necesario determinar su evolución. Considérese el caso de un disco de radio R que gira en rotación pura sin deslizamiento sobre la superficie de apoyo, en ese caso representa el bastidor. Al no disponer de velocidad, el punto de contacto I se corresponde con el CIR. La Figura 3.14 muestra la trayectoria descrita por los puntos A, B, C y I durante el giro del disco en contacto sin deslizamiento sobre el bastidor con rotacion constante, $\omega = cte$, en la que se observa que estos puntos cambian su posición en instantes de tiempo sucesivos. Por tanto, en un movimiento plano general, los elementos de un mecanismo presentarán un CIR distinto en cada intervalo. Esto permite definir la Velocidad de Sucesión, que representa el cambio de posición del CIR en su trayectoria (Jiménez Sáez et al., 2024):

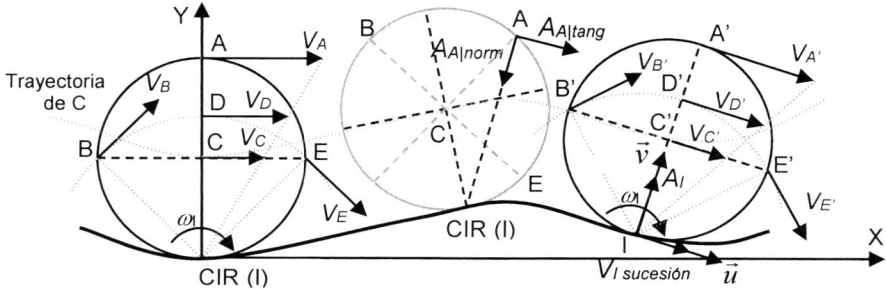

Figura 3.14. Trayectoria de puntos en un disco en rotación pura. Fuente: elaboración propia

En su movimiento de rotación, el punto I se sitúa sobre la ortogonal que contiene al centro del disco, punto C, por lo que ambos puntos se mueven con la misma trayectoria y con la misma celeridad. En tal caso, la velocidad de sucesión del punto CIR se podrá determinar fácilmente mediante la Ecuación 3.164.

$$\vec{V}_I\Big|_{sucesión} = \vec{\omega}_I \wedge \vec{R}_{IC} \qquad \textbf{Ecuación 3.164}$$

Teniendo en cuenta que el CIR no tiene velocidad en cada instante $\vec{V}_I\Big|_{sucesión} = \vec{V}_C$. La velocidad del centro de disco, punto C, siendo $\vec{\omega} = -\omega\vec{k}$ y $\vec{R}_{IC} = R_{IC}\vec{v}$, es:

$$\vec{V}_C = \vec{V}_I + \vec{\omega}_I \wedge \vec{R}_{IC} = \vec{\omega}_I \wedge \vec{R}_{IC} = \omega_I \cdot R_{IC}\vec{u} \qquad \textbf{Ecuación 3.165}$$

No obstante, en la mayoria de ocasiones, la obtención de esta velocidad no resulta tan inmediata y simple, lo que añade un grado de dificultad. Tómese, por ejemplo, el caso en el que el punto de contacto disponga de velocidad constante en dirección horizontal y paralela a la superficie de contacto, véase el punto A en la Figura 3.15, que representa dos situaciones con resultados muy diferentes. Dependiendo del sentido de su velocidad, condicionará la localizacion del CIR y la trayectoria que describe en su movimiento. Así pues, si la velocidad de A y B mantienen la misma dirección y de sentido opuesto, el CIR se localizará entre ambos puntos, mientras que para el mismo sentido, queda indefinido. Puede obsérvase en la Figura 3.16 y Figura 3.17 que la trayectoria descrita por los puntos A, B, C y D es muy diferente en ambos casos, y por tanto, su velocidad. La trayectoria descrita por el CIR dificulta el cálculo de la velocidad de sucesión. (Jiménez Sáez et al., 2024):

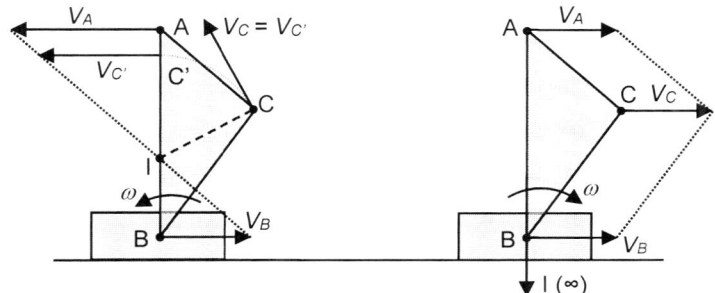

Figura 3.15. Localización del CIR en el mecanismo de corredera-balancín.
Fuente: elaboración propia

Como se ha indicado anteriormente los CIR –a excepción de los puntos que son articulaciones permanentes con el bastidor y que no cambiarán de ubicación– tendrán velocidad de sucesión y en consecuencia tambien dispondrán de aceleración. Esto es un inconveniente en la aplicación de esta metodología cinemática, ya que en general, su cuantificación entraña cierta dificultad, como se muestra en la Figura 3.16 y Figura 3.17.

Considérese el sistema formado por un elemento en rotación que se encuentra unido mediante una articulación a un elemento que desliza sobre el plano horizontal. Tómese un caso general que inicia el movimiento desde reposo con velocidad lineal inicial del punto de contacto y rotación angular variable con el tiempo, es decir, $\vec{V}_D \neq cte$ o $\vec{\omega} \neq cte$, y se cumple que $\vec{A}_C = \vec{\alpha}_{IC} \cdot \vec{R}_{IC} \neq cte$ que provoca que las trayectorias de los puntos cambien con respecto al caso de rotación constante, $\omega = cte$. Obsérvese la diferencia de comportamiento cuando la aceleración angular del elemento cambia de signo: en la Figura 3.16 el sentido es anti horario y en la Figura 3.17 es horario. En casos como los indicados aquí, cada punto de la trayectoria, tal como se muestra para el punto A y C en una posición arbitraria, tendrá una aceleración en componente normal y tangencial, pero no hay que olvidar que no dispone de la componente de la aceleración de Coriolis. Esto viene dado por el movimiento lineal de la corredera combinado con una rotación angular del elemento. En la Figura 3.14 se muestran las componentes de la aceleración que presenta el punto A en un instante arbitrario.

75

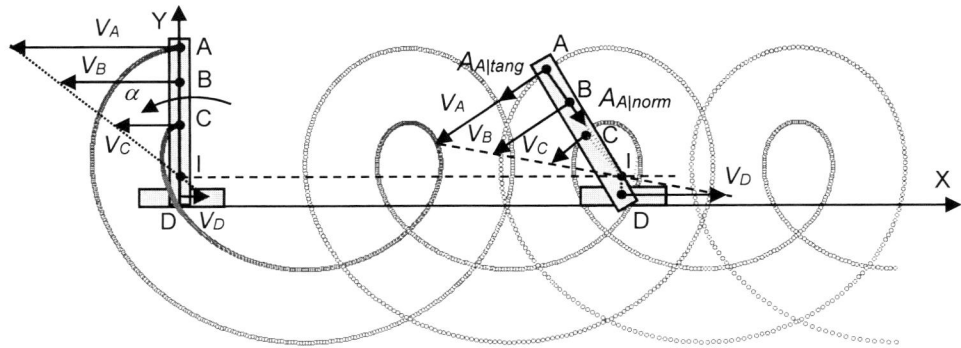

Figura 3.16. Trayectorias en movimiento general con velocidad lineal del CIR y aceleración angular horaria. Fuente: elaboración propia

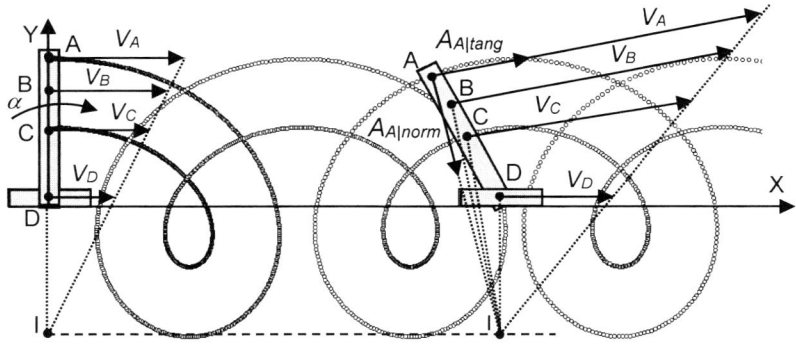

Figura 3.17. Trayectorias en movimiento general con velocidad lineal del CIR y aceleración angular anti horaria. Fuente: elaboración propia

Por tanto, aunque la velocidad del CIR es nula en cada instante, $\vec{V}_I = 0$, este cambia su posición mediante su velocidad de sucesión, lo que implica que dispondrá de aceleración instantánea. Esto limita las posibilidades del método, ya que, para resolver la aceleración del mecanismo, es necesario determinar previamente su aceleración, siendo un proceso, en general, laborioso y con mayor complejidad. (Reino Flores & Galán Marín, 2020). Nótese que en la Figura 3.14 se ha representado la aceleración del punto I en un caso sencillo.

Para determinarla, puede recurrirse al caso de la cinemática del punto en sistemas no inerciales relacionando los puntos I y A, véase la Figura 3.18, en la que se muestra la trayectoria que describe el punto A de un elemento en su rotación alrededor de su CIR (González Fernández, 2003)

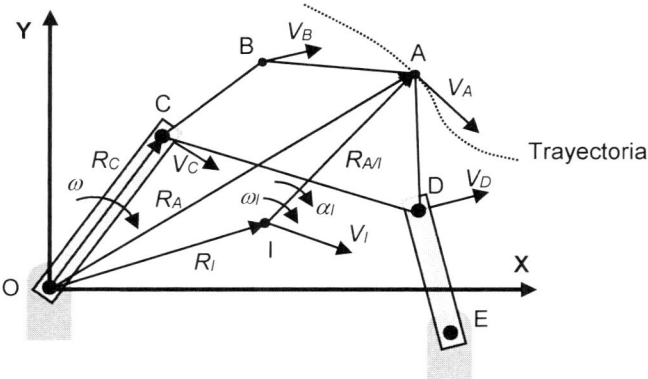

Figura 3.18. Vectores de posición para relacionar un punto con el CIR en un mecanismo de cuatro elementos. Fuente: elaboración propia

El punto I se considera como un punto de referencia, y que en ningún caso pertenece al elemento, por lo que, la aceleración absoluta de A, en su rotación alrededor del CIR, se podrá relacionar con la de I, mediante la expresión genérica:

$$\vec{A}_{A/I} = \vec{A}_I + \vec{\omega}_I \wedge \vec{\omega}_I \wedge \vec{R}_{IA} + \vec{\alpha}_I \wedge \vec{R}_{IA} + 2 \cdot \vec{\omega}_I \wedge \vec{V}_{A/I}$$ **Ecuación 3.166**

Si en ella se hace coincidir el punto A con el CIR, punto I, los términos afectados por $R_{A/I} = 0$ se anulan, por lo que queda de la forma:

$$\vec{A}_I = 2 \cdot \vec{\omega}_I \wedge \vec{V}_I$$ **Ecuación 3.167**

La aceleración instantánea de un punto que es CIR en un instante *t*, con velocidad instantánea nula, tiene velocidad no nula en un instante anterior y posterior, por lo que presenta aceleración y se corresponde con el término de Coriolis.

La aceleración de un punto genérico B, Figura 3.18, de un elemento que no es CIR se podrá resolver mediante la condición:

$$\vec{A}_B = \vec{A}_I + \vec{\omega}_I \wedge (\vec{\omega}_I \wedge \vec{R}_{IB}) + \vec{\alpha}_I \wedge \vec{R}_{IB} = \vec{A}_A + \vec{A}_{AB}\Big|_{normal} + \vec{A}_{AB}\Big|_{tangencial}$$ **Ecuación 3.168**

Una aplicación práctica del cálculo de la aceleración del CIR se puede comprobar sobre el caso de la rotación de un disco sin deslizamiento sobre una superficie. La Figura 3.14 incluye la velocidad de sucesión y la aceleración del CIR. Su valor puede obtenerse a partir del punto C, siendo $\vec{\omega}_I = -\omega_I \vec{k}$, $\vec{\alpha}_I = -\alpha_I \vec{k}$ y $\vec{R}_{CI} = -R_{CI} \vec{v}$ (Jiménez Sáez et al., 2024):

$$\vec{A}_I = \vec{A}_C + \vec{\omega}_I \wedge (\vec{\omega}_I \wedge \vec{R}_{CI}) + \vec{\alpha}_I \wedge \vec{R}_{CI}$$ **Ecuación 3.169**

La $\vec{A}_C$ puede obtenerse derivando la Ecuación 3.164, o también desde el movimiento que describe:

$$\vec{A}_C = \vec{\alpha}_I \wedge \vec{R}_{IC} = \alpha_I \cdot R_{IC} \vec{u} \qquad \text{Ecuación 3.170}$$

Por lo que resulta, considerando que $R_{CI} = -R_{IC}$:

$$\vec{A}_I = \alpha_I \cdot R_{IC} \vec{u} + \omega_I^2 \cdot R_{CI} \vec{v} + \alpha_I \cdot R_{CI} \vec{u} = \alpha_I \cdot R_{IC} \vec{u} + \omega_I^2 \cdot R_{CI} \vec{v} + \alpha_I \cdot (-R_{IC}) \vec{u} \quad \text{Ecuación 3.171}$$

$$\vec{A}_I = \omega_I^2 \cdot R_{CI} \vec{v} \qquad \text{Ecuación 3.172}$$

que representa el vector aceleración normal, $\vec{A}_I = \vec{A}_{CI}\big|_{normal}$, con centro de giro en el punto C, que se muestra en la Figura 3.14.

Como ejemplo para determinar el CIR y las ventajas que ofrece en el estudio de mecanismos, tómese el caso de la Figura 3.19, en el que se representa una barra en la que la trayectoria de los puntos A y B describe un movimiento rectilíneo paralelo a las superficies vertical y horizontal, respectivamente. Las velocidades de los puntos A y B están alineadas con el bastidor, por lo que la prolongación de la línea ortogonal de estas dos velocidades determina el punto de corte, I$_{AB}$, que representa el Centro Instantáneo de Rotación. En su deslizamiento, se puede considerar con claridad que el objeto está describiendo un movimiento circular en torno al punto CIR con una velocidad de rotación ω_I.

Mediante una posición genérica para un instante *t*, la imagen representa la transición desde una posición anterior, en un instante $t_1 = t - \Delta t_1$, hasta una posición posterior, en el instante $t_2 = t + \Delta t_2$. Estos tres instantes de tiempo, permiten obtener la trayectoria que describe el CIR, lo que confirma que su posición es diferente para cada instante.

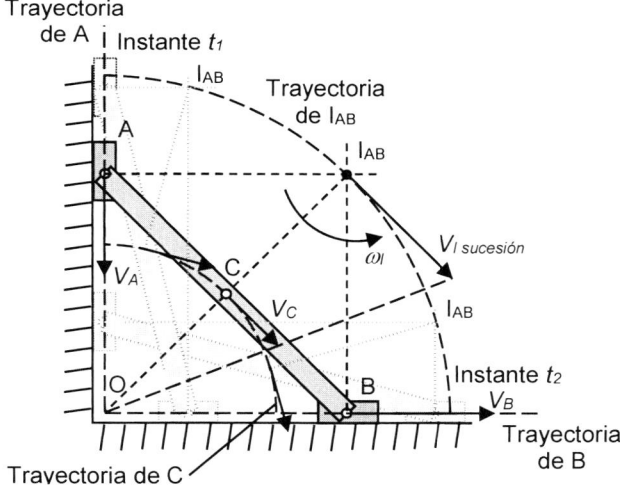

Figura 3.19. CIR en un elemento con deslizamiento horizontal y vertical.
Fuente: elaboración propia

Puede observarse que, en un instante posterior, t_2, el elemento se encontrará en otra posición y, este punto I$_{AB}$ habrá cambiado y será diferente, pero siempre se cumplirá que cualquier punto del elemento tendrá un movimiento de rotación alrededor del CIR. Así, en este mecanismo, la velocidad del punto medio del elemento AB, punto C, curiosamente tendrá también una trayectoria ortogonal a la línea de unión con el CIR y se cumplirá que:

$$V_A = \omega_I \cdot R_{IA} \rightarrow \omega_I = \frac{V_A}{R_{IA}}$$

Ecuación 3.173

$$V_B = \omega_I \cdot R_{IB} \rightarrow \omega_I = \frac{V_B}{R_{IB}} = \frac{V_A}{R_{IA}}$$

Ecuación 3.174

$$V_C = \omega_I \cdot R_{IC} = \frac{V_A}{R_{IA}} \cdot R_{IC} = \frac{V_B}{R_{IB}} \cdot R_{IC}$$

Ecuación 3.175

La sucesión de puntos instantáneos que muestra el CIR en el plano, al moverse la barra, describe una trayectoria circular con centro en el punto O, unión de las trayectorias de los puntos A y B. Del mismo modo, el punto C también muestra una trayectoria con centro en este punto O, pero de radio menor; obsérvese la línea que une los puntos O-C-I$_{AB}$ para el instante genérico. En la Figura 3.19 se indican las trayectorias que muestran estos puntos, así como la dirección de velocidad de los puntos A, B y C en las tres posiciones de tiempo indicadas, t_1, t y t_2. A partir de las trayectorias de los puntos C y I$_{AB}$, se puede determinar la velocidad lineal de estos dos puntos considerando una rotación angular alrededor del punto origen O. Se comprueba la proporcionalidad de las velocidades entre los puntos C y I$_{AB}$, V_C y V_I, respecto del punto de giro, punto O. El valor de la velocidad absoluta de estos puntos se puede obtener mediante las expresiones:

$$V_I = \omega_{OI} \cdot R_{OI} \rightarrow \omega_I = \frac{V_I}{R_{OI}}$$

Ecuación 3.176

$$V_C = \omega_{OI} \cdot R_{OC} = \frac{V_I}{R_{OI}} \cdot R_{OC}$$

Ecuación 3.177

Este ejemplo sencillo pone de manifiesto las propiedades que ofrece el CIR en un movimiento general plano, así como el uso que puede hacerse de sus propiedades. Sin embargo, el hecho de que el punto CIR modifique su posición, implica que dispone de aceleración normal y tangencial –y/o Coriolis en caso general–, como se comprueba de forma evidente en este mecanismo de dos deslizaderas y una biela. Esto es importante destacarlo, ya que para resolver la aceleración de cualquier punto del elemento AB mediante esta teoría, necesita relacionarse con la del CIR. En este caso mostrado en la Figura 3.19, resulta relativamente cómodo conocer la aceleración de I$_{AB}$, ya que se conoce su trayectoria y cómo calcularla, pero en el caso genérico de un mecanismo más complejo, no será posible conocer la trayectoria de los CIR de forma tan inmediata y concisa, con lo que la obtención de la aceleración del CIR será más laboriosa.

3.1.4.2. Determinación de los CIR Teorema de Aronhold-Kennedy

Volviendo a la base de este planteamiento, para aplicar este método es necesario determinar previamente todos los CIR que tiene el mecanismo. Partiendo de la definición de CIR, en la que se corresponde con la relación entre dos barras, el número máximo de CIR de un mecanismo de *n* elementos se obtendrá mediante la combinación de las *n* barras, tomadas de 2 en 2, es decir: (Colomina Francés, 2013)

$$N_{CIR} = \binom{n}{2} = \frac{n \cdot (n-1)}{2!}$$ **Ecuación 3.178**

En un mecanismo, las uniones entre elementos con posibilidad de giro, es decir, las articulaciones del mecanismo, serán CIR, ya que permiten la rotación de un elemento respecto del otro elemento al que se une y se denominan CIR EVIDEN-TES. Sin embargo, existirán otros CIR que no se encuentran en las articulaciones del mecanismo y que se llaman CIR NO EVIDENTES. Un modo claro de localizar todos los CIR es realizar todas las combinaciones posibles entre las barras to-mándolas de 2 en 2; por ejemplo, formando un triángulo con estas combinaciones y marcando los CIR evidentes con un círculo (Colomina Francés, 2013).

Tómese el caso de un mecanismo de cuadrilátero articulado, como el mostrado en la Figura 3.20 para determinar los CIR como ejemplo.

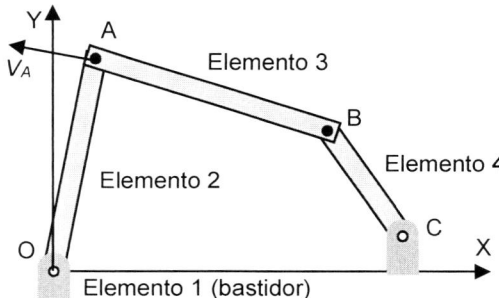

Figura 3.20. Mecanismo de cuadrilátero articulado. Fuente: elaboración propia

El número de CIR es:

$$N_{CIR} = \binom{n}{2} = \frac{n \cdot (n-1)}{2!} = \frac{4 \cdot 3}{2} = 6$$ **Ecuación 3.179**

Los CIR EVIDENTES corresponden a las articulaciones de unión entre elementos: puntos O = I_{12}, A = I_{23}, B = I_{34}, C = I_{41}, que se representan marcados con un círculo, quedando tan solo sin marcar los CIR NO EVIDENTES y que deberán localizarse (Colomina Francés, 2013):

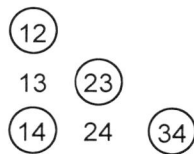

Figura 3.21. CIR evidentes y no evidentes. Fuente: elaboración propia

Los dos CIR NO EVIDENTES, I_{13} y I_{24}, corresponden a elementos que no se encuentran en contacto directo, y parece imposible que puedan encontrarse. Estos CIR no se localizarán sobre ninguna de sus barras. Pero, aplicando la definición de CIR el punto I_{13} ha de ser un punto que pertenece tanto al elemento 1 como al elemento 3. Análogamente ocurre con I_{24}, que pertenece a los elementos 2 y 4. (Colomina Francés, 2013)

El Teorema de Aronhold-Kennedy o también llamado Teorema de los Tres Centros, establece que los tres CIR relativos a tres elementos con movimiento plano, deben estar siempre alineados en una línea recta (Norton, 1995). Por lo tanto, deberán formarse combinaciones de 3 elementos, en las que 2 de estos elementos han de ser los del CIR buscado. Puesto que una combinación nos proporciona una recta, llámese recta nº 1, será necesario formar otra combinación, manteniendo las barras del CIR buscado, para obtener otra recta, llámese recta nº 2, que deberá cortarse con la anterior, obteniendo el punto de corte que será el CIR NO EVIDENTE de estos elementos. De cada combinación de tres barras, se obtendrán 3 combinaciones de 2 barras, que serán CIR y estarán alineados en una recta. (Colomina Francés, 2013)

Retornando al caso que se está resolviendo, en el mecanismo de cuadrilátero articulado, de la Figura 3.20 se tendrá (Colomina Francés, 2013):

a. Obtención de I_{13}

La primera recta viene dada por la combinación de los elementos 1-2-3:

Combinación 1:
Elementos 1-2-3

CIR

12 Punto O

23 Punto A

31 Alineado con O y A (recta 1)

La segunda recta está dada por la combinación de los elementos 1-4-3:

Combinación 2:
Elementos 1-4-3

CIR

14 Punto C

43 Punto B

31 Alineado con B y C (recta 2)

La intersección de las rectas 1 y 2 permite determinar el lugar donde se encuentra el CIR I_{13}, representado en la Figura 3.22.

b. Obtención de I_{24}

De igual modo al CIR anterior, las dos rectas buscadas se obtendrán por las siguientes combinaciones que contienen a los elementos 2 y 4. La primera recta está dada por la combinación de los elementos 1-2-4:

Combinación 1:
Elementos 1-2-4   CIR

12	Punto O
24	Alineado con O y C (recta 3)
41	Punto C

La segunda recta procede de la combinación de los elementos 2-3-4:

Combinación 2:
Elementos 2-3-4   CIR

23	Punto A
34	Punto B
42	Alineado con A y B (recta 4)

La intersección de las rectas 3 y 4 definen la ubicación del CIR I_{24}, véase la Figura 3.22.

Esta resolución resulta cómoda en un proceso gráfico, mientras que la obtención de las expresiones analíticas de las rectas resulta más laboriosa y hace que este método pierda toda su ventaja que lo diferencia respecto del resto.

En el caso de que el mecanismo contenga una deslizadera rectilínea, la trayectoria vendrá dada por un radio infinito, tal como se ha comentado anteriormente. Generalmente esta deslizadera estará unida a otra/s barra/s mediante una articulación, por lo que el CIR entre esta deslizadera y la superficie recta se obtiene trazando una línea, ortogonal a la trayectoria de la deslizadera en el punto de la articulación. Este CIR se considera como EVIDENTE.

Una vez identificados los CIR, el procedimiento a seguir en la resolución de la velocidad de dos puntos pertenecientes a dos elementos, que no es necesario que estén en contacto, es el siguiente (Simón Mata et al., 2009):

a. Se buscan los 3 CIR relativos: del elemento con el punto de velocidad conocida, del elemento que contiene el punto que hay resolver y del elemento que los une.

b. Se determina la velocidad del CIR relativo de los dos elementos, ya que se considera como un punto del elemento con velocidad conocida.

c. Este CIR con velocidad calculada también es perteneciente al elemento del cual se ha de calcular la velocidad, por lo que se representa junto a su velocidad sobre el elemento, manteniendo la distancia relativa entre los CIR de este elemento.

d. A partir de la velocidad de este punto, se obtiene la velocidad del punto a calcular mediante proporcionalidad de distancias entre sus CIR.

Retomando nuevamente el cuadrilátero articulado, véase la Figura 3.22, y aplicando estos conceptos se resuelve (Simón Mata et al., 2009):

- Los elementos OA y CB están conectados al bastidor, por lo que los CIR que son de interés son los puntos I_{12}, I_{14} y I_{24}. Conocida la velocidad de A, $\vec{V}_A$, se representa el punto I_{24} virtualmente sobre el elemento OA, marcado con el punto P en la Figura 3.22, respetando la distancia relativa con el punto de giro O = I_{12}. La velocidad de I_{24}, $\vec{V}_{24}$, se determina mediante proporcionalidad con el punto de giro O.

Del procedimiento anterior, las expresiones matemáticas que permiten resolver numéricamente se pueden deducir fácilmente para cada punto, siendo (Simón Mata et al., 2009):

$$V_A = \omega_{OA} \cdot R_{OA} \quad \rightarrow \quad \omega_2 = \omega_{OA} = \frac{V_A}{R_{OA}}$$

Ecuación 3.180

$$V_{24} = \omega_2 \cdot R_{12\_24} \quad \rightarrow \quad V_{24} = \frac{V_A}{R_{OA}} \cdot R_{12\_24}$$

Ecuación 3.181

- Siendo el punto I_{24} común a los elementos 2 y 4, una vez conocida $\vec{V}_{24}$, se traslada este punto sobre el elemento CB junto a su velocidad, marcado con el punto Q en la Figura 3.22, manteniendo la distancia con la articulación I_{41}.

- La resolución de la velocidad buscada, $\vec{V}_B$, se resuelve rápidamente manteniendo la proporcionalidad con el punto de giro C de este elemento CB.

Las ecuaciones que resuelven numéricamente estas velocidades son (Simón Mata et al., 2009):

$$V_{24} = \omega_4 \cdot R_{14\_24} \quad \rightarrow \quad \omega_4 = \frac{V_{24}}{R_{14\_24}}$$

Ecuación 3.182

$$V_B = \omega_4 \cdot R_{14\_34} = \omega_{CB} \cdot R_{CB}$$

Ecuación 3.183

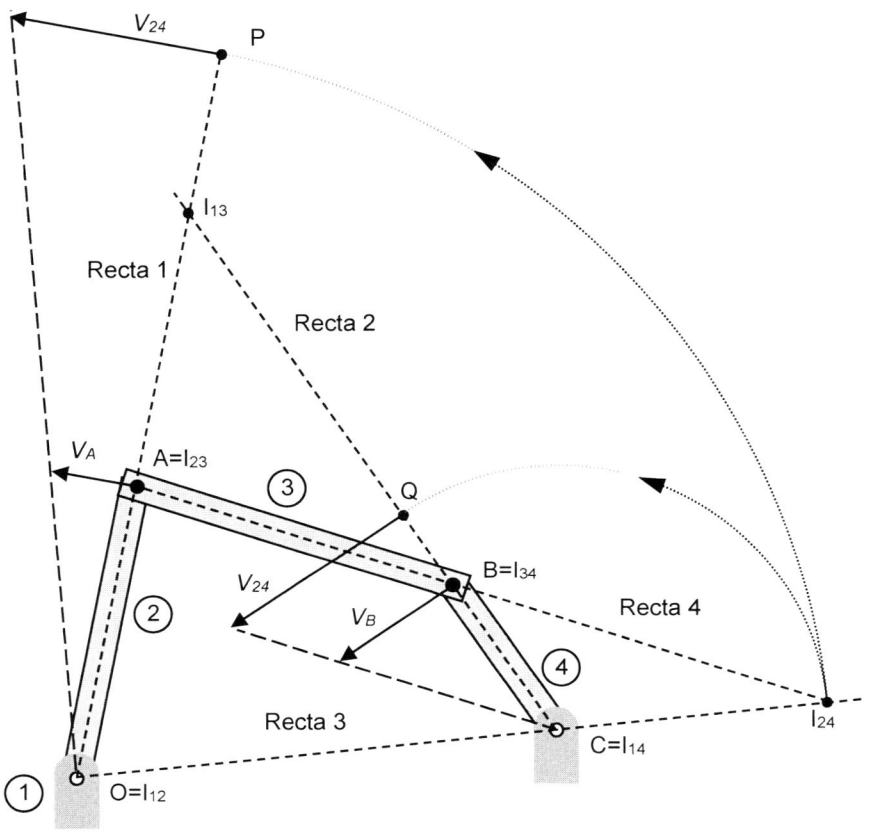

Figura 3.22. CIR en el cuadrilátero articulado. Fuente: elaboración propia

3.1.4.3. Cálculo de la velocidad en el mecanismo de biela-manivela

Para ayudar a la comprensión de este método se resolverá el mismo ejemplo visto en los métodos anteriores. Considérese el caso de un mecanismo de biela-manivela deslizadera como el mostrado en la Figura 3.23, del que se conocen las dimensiones de los elementos, la cota *H* y la velocidad angular del elemento de entrada OA, ω_{OA}, en sentido anti horario, y su aceleración angular, α_{OA}, en sentido horario. La barra OA acciona el sistema que empuja al elemento AB, permitiendo que la corredera describa una trayectoria horizontal sobre el bastidor entre dos posiciones extremas.

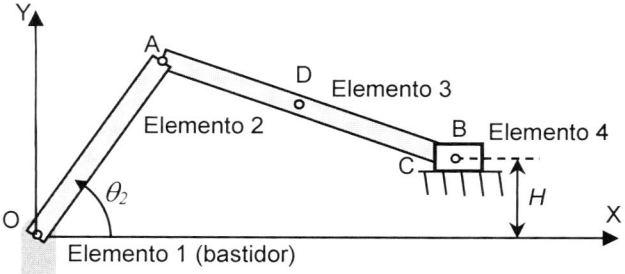

Figura 3.23. Mecanismo de biela-manivela-corredera. Fuente: elaboración propia

El número de CIR para este mecanismo es: $N_{CIR} = \binom{4}{2} = \dfrac{4\cdot3}{2} = 6$, de los cuales las articulaciones O = I_{12}, A = I_{23} y B = I_{34} son los CIR evidentes. Nótese que C es el punto de contacto entre la deslizadera horizontal y el bastidor, por lo que, al tener un radio de giro infinito, el CIR I_{14} se ubica en el infinito, Figura 3.24:

$$\begin{array}{ccc} & \fbox{12} & \\ 13 & \fbox{23} & \\ \fbox{14} & 24 & \fbox{34} \end{array}$$

Los CIR no evidentes se localizan haciendo uso del Teorema de los tres centros de Aronhold-Kennedy. Los CIR I_{13} y I_{24} se determinan mediante la intersección de dos rectas que contengan los tres CIR relativos de las barras (Colomina Francés, 2013).

a. Obtención de I_{13}

    Combinación 1:
    Elementos 1-4-3   CIR

34	Punto B
14	Línea ortogonal al deslizamiento (∞)
13	Alineado con B y L_{14} (∞) (recta 1)

Por tanto, se ha obtenido que I_{13} se ubica en la línea ortogonal al deslizamiento por el punto B, recta 1 en la Figura 3.24.

    Combinación 2:
    Elementos 1-2-3   CIR

12	Punto O
23	Punto A
31	Alineado con O y A (recta 2)

De esta segunda combinación se tiene la recta 2, que sitúa el I_{13} en la línea OA. La intersección de estas dos rectas permite localizar I_{13}, véase la Figura 3.24.

b. Obtención de I_{24}

La primera recta la proporciona la combinación de los elementos 1-2-4:

Combinación 1: Elementos 1-2-4	CIR	
	12	Punto O
	14	Línea ortogonal al deslizamiento (∞)
	24	Alineado con O y L_{14} (∞) (recta 3)

La segunda recta viene dada por la combinación de los elementos 2-3-4:

Combinación 2: Elementos 2-3-4	CIR	
	23	Punto A
	34	Punto B
	24	Alineado con A y B (recta 4)

En consecuencia, el CIR I_{24} se obtiene por el corte de las rectas 3 y 4, mostrado en la Figura 3.24.

Para proceder a la resolución del mecanismo de biela manivela, los dos puntos a relacionar son el punto A y el B, que pertenecen a los elementos 2 y 4, es decir, los puntos I_{12} y I_{14} que se corresponden con el bastidor, por lo que será necesario localizar la línea que une los tres CIR I_{12}, I_{14} y I_{24}.

A partir de la velocidad conocida del punto A, se representa gráficamente, con la escala de velocidades seleccionada, sobre el punto del mecanismo:

$$V_A = \omega_{OA} \cdot R_{OA} \hspace{3cm} \text{Ecuación 3.184}$$

El CIR I_{24} es un punto que puede considerarse como perteneciente al elemento 2 y al elemento 4, por lo que, conocida la velocidad de un punto como el A, por pertenecer al elemento 2, se puede calcular su velocidad describiendo una rotación en torno a I_{12}. Para ello, se lleva el punto A y su velocidad $\vec{V}_A$ sobre la línea que contiene al punto $I_{24} = I_{42}$, es decir, la línea que une los tres CIR I_{12}, I_{14} y I_{24}. La velocidad $\vec{V}_{I24}$ se puede obtener mediante la semejanza de triángulos entre los puntos A y I_{24}, que distan proporcionalmente al punto de giro O $\equiv I_{12}$. El elemento 4 solamente se traslada, siendo el radio de giro infinito –recordar que el CIR I_{14} se ubica en el ∞– por lo que todos los puntos de este elemento tienen la misma velocidad. En particular, tomando el punto I_{24} como perteneciente al elemento 4, se cumple que la velocidad de B ha de ser la misma que la de I_{24}, es decir, $V_B = V_{I24}$, ya que de lo contrario no se cumpliría la condición de rigidez geométrica entre los puntos de la deslizadera.

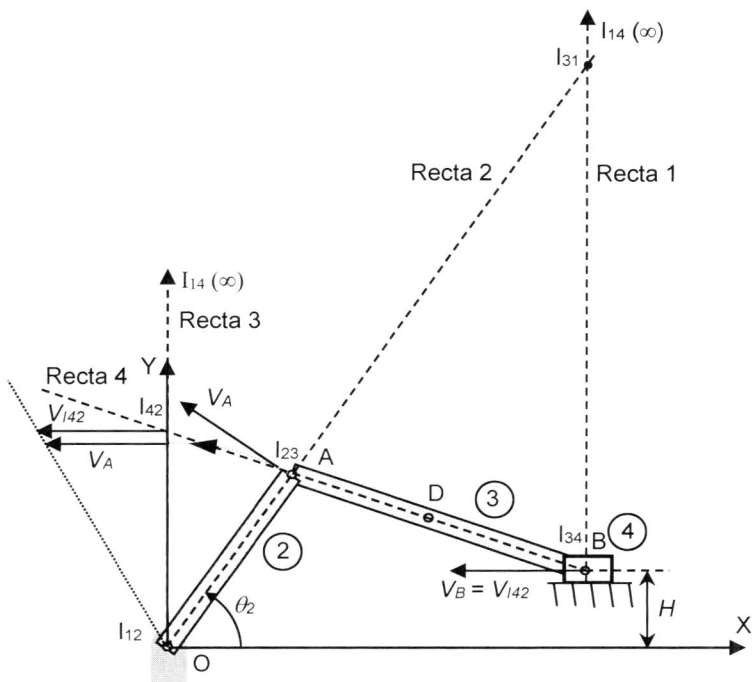

Figura 3.24. V_B mediante CIR en resolución gráfica. Fuente: elaboración propia

Este mecanismo es muy sencillo y dispone de pocos elementos, por lo que el cálculo de velocidades se puede realizar de un modo más rápido. Tal como se ha definido al inicio de este apartado, puede considerarse que en cada instante de tiempo, el elemento gira alrededor de un punto CIR, es decir, la rotación del elemento 3, respecto del bastidor, se produce alrededor del CIR de la barra 3, punto I_{31} en la Figura 3.25. La resolución cinemática parte del cálculo de la velocidad conocida del punto A y, dado que el punto O permanece inmóvil, este punto O será el CIR del elemento OA, O ≡ I_{12}. Este punto A también forma parte del elemento AB, por lo que, conocida la trayectoria y el módulo de $\vec{V}_A$ y siendo horizontal la trayectoria de B, su velocidad $\vec{V}_B$ deberá ser también horizontal, y, por tanto, se podrán trazar ortogonales a estas velocidades en sus puntos y así localizar el CIR del elemento AB, I_{31}.

Considerando que el punto I_{31} también pertenece a los elementos 1 y 3, la velocidad de la deslizadera B se podrá determinar mediante proporcionalidad con la distancia a I_{31}. Para ello, se lleva la distancia $\bar{I}_{31\_B}$ sobre la directriz OA, de forma que puede determinarse $\vec{V}_B$ gráficamente por semejanza de triángulos haciendo uso de $\vec{V}_A$. Para determinar la velocidad del punto D, $\vec{V}_D$, se sigue el mismo proceso: se lleva la distancia $\bar{I}_{31\_D}$ sobre el elemento 2 y se resuelve gráficamente la velocidad.

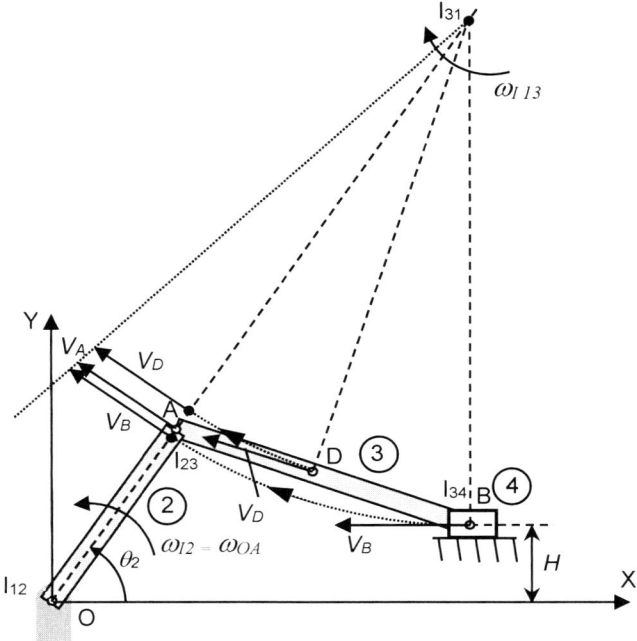

Figura 3.25. CIR y velocidades absolutas de los puntos. Fuente: elaboración propia

La velocidad angular de giro del elemento 3 alrededor del CIR I₁₃ se podrá determinar a partir del dato de $\vec{V}_A$ y de la distancia entre I₁₃ y el punto A, I₁₃_A:

$$\omega_{I13} = \frac{V_A}{R_{I13\_A}}$$
Ecuación 3.185

Dado que cualquier punto perteneciente al elemento 3 tiene el mismo CIR, punto I₁₃, y la misma velocidad de rotación, ω_{I13}, el punto B también gira en torno a este CIR y su velocidad se podrá determinar mediante:

$$V_B = \omega_{I13} \cdot R_{I13\_B}$$
Ecuación 3.186

Para el caso del punto intermedio entre AB, punto D, aplicando el concepto de rotación alrededor del CIR I₁₃, su velocidad absoluta es:

$$V_D = \omega_{I13} \cdot R_{I13\_D}$$
Ecuación 3.187

3.1.4.4. Cálculo de la aceleración en el mecanismo de biela-manivela

De los datos proporcionados en el problema, la aceleración del punto A tendrá dos componentes: la componente tangencial $A_A|_{tangencial}$, cuya dirección es ortogonal al radio OA y sentido horario según indica el enunciado, y la componente normal $A_A|_{normal}$, que está alineada con OA y sentido hacia el centro de giro O:

$$A_A|_{normal} = \omega_{OA}^2 \cdot R_{OA} \qquad\qquad \textbf{Ecuación 3.188}$$

$$A_A|_{tangencial} = \alpha_{OA} \cdot R_{OA} \qquad\qquad \textbf{Ecuación 3.189}$$

La aceleración de B se puede referenciar respecto al CIR del elemento I$_{13}$:

$$\vec{A}_B = \vec{A}_{I13} + \vec{\omega}_{I13} \wedge (\vec{\omega}_{I13} \wedge \vec{R}_{I13\_B}) + \vec{\alpha}_{I13} \wedge \vec{R}_{I13\_B} \qquad \textbf{Ecuación 3.190}$$

siendo $\vec{A}_{I13}$ y $\vec{\alpha}_{I13}$ desconocidos. De ellas, se sabe que $\vec{\alpha}_{I13}$ es ortogonal al plano de movimiento, es decir, $\vec{\alpha}_{I13} = \alpha_{I13}\vec{k}$.

Dado que los puntos del elemento 3 tienen el mismo CIR, punto I$_{13}$, se podrá relacionar este CIR con el punto A, ya que su aceleración es conocida del enunciado. De este modo, se podrá reemplazar $\vec{A}_{I13}$ en la ecuación anterior.

$$\vec{A}_{I13} = \vec{A}_A + \vec{\omega}_{I13} \wedge (\vec{\omega}_{I13} \wedge \vec{R}_{A\_I13}) + \vec{\alpha}_{I13} \wedge \vec{R}_{A\_I13} \qquad \textbf{Ecuación 3.191}$$

Por último, puede tenerse en cuenta que la trayectoria de B es horizontal, con lo que se incluye una condición adicional, $\vec{A}_B = A_B\vec{i}$, para resolver el sistema resultante de las dos incógnitas, A_B y α_{I13}, mediante las dos expresiones real e imaginaria de la Ecuación 3.190. En este sistema, α_{I13} se resuelve de la componente imaginaria y sustituyendo en la parte real, se resuelve A_B. Nótese que la expresión imaginaria está igualada a 0, ya que $A_B|_y = 0$.

Una vez resuelta A_B, la aceleración angular del elemento 3, $\vec{\alpha}_{AB} = \alpha_{AB}\vec{k}$, se obtiene relacionando los puntos A y B:

$$\vec{A}_B = \vec{A}_A + \vec{\omega}_{AB} \wedge (\vec{\omega}_{AB} \wedge \vec{R}_{AB}) + \vec{\alpha}_{AB} \wedge \vec{R}_{AB} \qquad \textbf{Ecuación 3.192}$$

Finalmente, la aceleración del punto D se puede determinar de igual modo que se ha resuelto el punto B en su giro alrededor de I$_{13}$:

$$\vec{A}_D = \vec{A}_{I13} + \vec{\omega}_{I13} \wedge (\vec{\omega}_{I13} \wedge \vec{R}_{I13\_D}) + \vec{\alpha}_{I13} \wedge \vec{R}_{I13\_D} \qquad \textbf{Ecuación 3.193}$$

Este método requiere dibujar el mecanismo a escala, empleando una escala geométrica, y representar a escala gráfica los vectores de las velocidades y aceleraciones, lo cual limita la precisión de los resultados obtenidos.

Se concluye con claridad que esta metodología ofrece ventajas importantes para el cálculo de la velocidad, pero en lo que respecta a las aceleraciones, su aplicación resulta compleja. Previamente es necesario cuantificar la aceleración del CIR, el cual sirve de apoyo para relacionar la aceleración de los puntos del elemento, y, además, es necesario considerar expresiones adicionales para resolver el sistema de ecuaciones con las incógnitas. Esto hace que el método de los CIR no sea el más apropiado para el cálculo de las aceleraciones, siendo mucho más conveniente el método de los Cinemas. Sin embargo, el método de los CIR ofrece una característica única que lo diferencia del resto de métodos: la resolución de la cinemática de un punto –llámese P– sea o no el punto de salida del mecanismo, no requiere resolver la cinemática de los puntos intermedios – llámense puntos B, C, D, etc.– desde el punto de entrada –llámese punto A–, hasta llegar al punto en cuestión, punto P. La cinemática puede ser resuelta directamente a partir de los CIR relativos de los elementos que relacionan el punto buscado y el punto con datos conocidos.

3.1.5. Método gráfico de los cinemas

Esta metodología se basa en resolver gráficamente las ecuaciones de la cinemática mediante vectores, por lo que es necesario formar polígonos de vectores. Las expresiones cinemáticas que han de ser resueltas se corresponden con la cinemática relativa desarrollada en el apartado de fundamento teórico, por lo que se formula la composición de velocidades y de aceleraciones entre los puntos que sean pertenecientes al mismo elemento. Es por esto, que en diferente bibliografía este método también puede encontrarse como método de la cinemática relativa, método del movimiento relativo entre puntos, método de los cinemas, método de la composición de velocidades y aceleraciones o método de los polígonos de velocidades y aceleraciones.

Cabe destacar que, para emplear esta técnica cinemática, es necesario conocer previamente la topología del mecanismo, es decir, las dimensiones de todos los elementos, así como los ángulos de todos los elementos y también, según el grado de movilidad de cada mecanismo, los datos de velocidad y de aceleración del elemento de accionamiento. La geometría que ocupa el mecanismo en la posición a estudiar, se puede resolver con anterioridad aplicando cualquier método, ya sea gráfico como analítico.

Como en cualquier metodología que se aplique para resolver la cinemática, deben plantearse las ecuaciones que son de aplicación y que cambian para cada problema, véanse las expresiones generales desde la Ecuación 2.89 a la Ecuación 2.92, y que han sido desarrolladas en el Apartado 2.1.6 Cinemática del punto en sistemas no inerciales. La resolución gráfica de las expresiones obtenidas en este apartado requiere representar cada uno de los términos de velocidad y aceleración. Esto implica, por una parte, determinar el módulo y por otra, conocer su dirección y sentido y cumplir con las ecuaciones planteadas. La composición de velocidades y aceleraciones debe formularse relacionando los puntos que pertenezcan a la misma barra y, en la medida de lo posible, que alguna de ellas sea totalmente conocida para limitar la indeterminación de los vectores.

En esta metodología, generalmente, se resolverá la cinemática mediante la intersección de líneas de corte procedentes de algún dato que es conocido, como puede ser, la trayectoria absoluta o relativa entre puntos para resolver las velocidades o en el caso de las aceleraciones, conocer la línea de acción de la aceleración normal o tangencial o la absoluta de algún punto. En este sentido la variedad de casos que pueden presentarse es muy numerosa. A modo de ejemplo, baste para ello, el hecho de permutar una variable desconocida por un dato conocido del problema y, aunque las ecuaciones que definen el funcionamiento cinemático del mecanismo no cambian, los pasos a seguir en la resolución serán alterados unos antes que otros y afectan a la complejidad de la resolución.

Hay que destacar que las trayectorias de los puntos, y por tanto los vectores de velocidad y aceleración de puntos, están sujetas al movimiento que se describe en el funcionamiento, pudiendo ser líneas rectas o curvas, dependiendo del caso. Un ejemplo de esto último es la diferencia de resolución que se tendría en un mecanismo de biela-manivela con deslizadera rectilínea y con deslizadera circular, mostrado en la Figura 3.26. El primero de ellos es ligeramente más sencillo y rápido, ya que, al considerarse un radio de acción para la corredera de dimensión infinita, la trayectoria es rectilínea, $\omega = \alpha = 0$, mientras que, en el segundo de ellos, se tendrá un radio de giro y, por tanto, aparecerá la componente normal y tangencial de la aceleración.

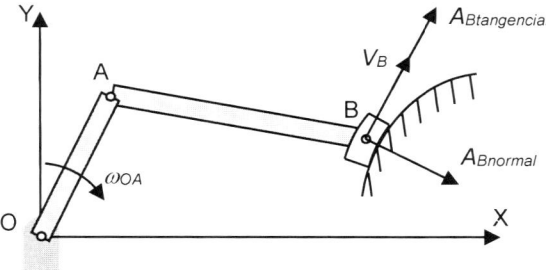

Figura 3.26. Mecanismo de biela-manivela-corredera curvilínea. Fuente: elaboración propia

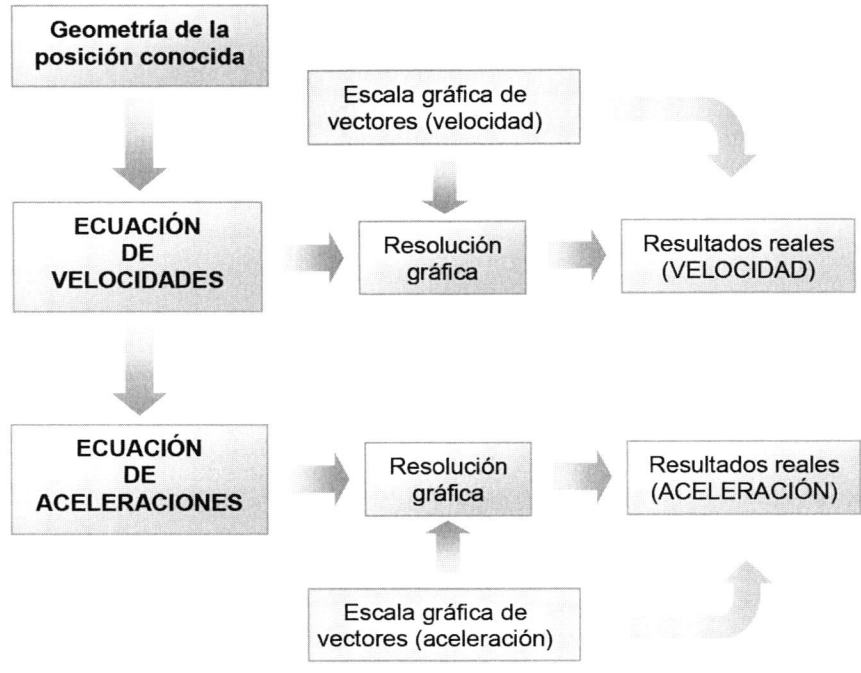

Figura 3.27. Pasos en el Método de los cinemas. Fuente: elaboración propia

Para ayudar en la aplicación de la formulación a los mecanismos planos, se aplicará la metodología sobre el mecanismo sencillo de un biela-manivela corredera rectilínea como el mostrado en la Figura 3.28, en el que el movimiento de accionamiento se realiza sobre la manivela OA que gira alrededor del punto fijo O. Esta, a su vez, acciona el elemento AB haciendo que la deslizadera se mueva sobre el plano horizontal a una cota *H* respecto del origen de coordenadas.

Suponiendo que la topología es totalmente conocida en esa posición de estudio, o sea, todas las longitudes entre puntos y ángulos entre elementos son conocidos, y que la barra de entrada presenta una velocidad angular ω_{OA} en sentido anti horario y una aceleración angular α_{OA} en sentido horario, es posible resolver satisfactoriamente la cinemática del mecanismo. Nótese que el grado de movilidad de este mecanismo es G = 1, por lo que, conociendo las longitudes de los elementos del mecanismo, para definir la posición y su cinemática, es necesario conocer: 1.- un ángulo de un elemento o una distancia de un punto, para definir la posición de estudio, 2.- una velocidad angular de una barra o una velocidad lineal de un punto, para definir el movimiento de velocidades y 3.- una aceleración angular de una barra o aceleración lineal de un punto, para detallar las aceleraciones. Con ello, una de las premisas que condicionan la resolución mediante la composición de velocidades es relacionar los puntos de aquellas barras en los que se imponen datos conocidos en el problema. La relación entre la velocidad y aceleración absoluta de los puntos A y B, véase la Figura 3.28, se podrá expresar mediante la Ecuación 2.20 en velocidades y la Ecuación 2.23 en aceleraciones, es decir, $\vec{V}_B = \vec{V}_A + \vec{V}_{B/A}$ y $\vec{A}_B = \vec{A}_A + \vec{A}_{B/A}$.

Las velocidades y aceleraciones angulares, ω y α, pueden ser dadas para elementos que estén unidos directamente al bastidor o elementos móviles, proporcionando la cinemática absoluta o relativa, en cada caso. En este ejercicio de aplicación se va a considerar que, sin disponer de magnitudes, se conoce la geometría de todo el mecanismo y además los datos de ω_{OA} y α_{OA}, permitiendo resolver la cinemática de la deslizadera, tanto en módulo como en dirección y sentido. Además, resolviendo la velocidad y la aceleración de la barra AB, dado que el movimiento relaciona dos puntos en movimiento relativo, permitirá cuantificar el módulo de la velocidad y aceleración angular de ese elemento.

Para poder resolver las ecuaciones en la composición de velocidades y de aceleraciones es necesario seleccionar la escala gráfica para representar gráficamente estos vectores. Dado que no se dispone de valores numéricos, las escalas aquí tomadas solamente son a modo ilustrativo del método gráfico.

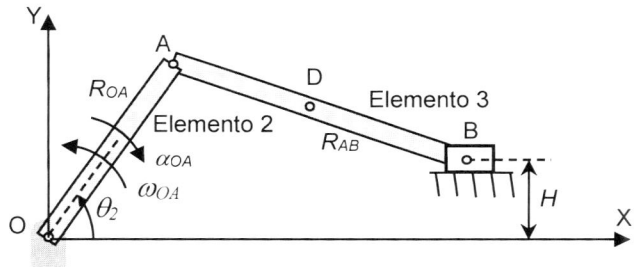

Figura 3.28. Mecanismo de biela-manivela corredera. Fuente: elaboración propia

3.1.5.1. Cálculo de la velocidad en el mecanismo de biela-manivela

La condición que relaciona el movimiento que se obtiene en el punto B, al estar accionado por el elemento A es:

$$\vec{V}_B = \vec{V}_A + \vec{V}_{B/A}$$ **Ecuación 3.194**

donde el término $\vec{V}_{B/A}$ representa la velocidad relativa del punto B con respecto a un observador situado en el punto A, y $\vec{V}_A$ y $\vec{V}_B$ son las velocidades absolutas de los puntos A y B, respectivamente.

Considerando las expresiones obtenidas en el Apartado 2.1.3 Cinemática del punto en movimiento de rotación, la velocidad absoluta de giro del punto A, $\vec{V}_A$, está dada por la Ecuación 2.13, $\vec{V}_A = \vec{\omega} \wedge \vec{R}_A$, y particularizándola para el caso del elemento AB, es decir, la velocidad relativa $\vec{V}_{B/A}$, ambas representan un vector ortogonal al elemento y de módulo $V = \omega \cdot R$. Por tanto, a partir de la rotación angular del elemento OA, ω_{OA}, se puede determinar el módulo de la velocidad absoluta de A, $\vec{V}_A$, y que se será ortogonal a la dirección del elemento, mientras que el sentido viene dado por el recorrido instantáneo de A durante el movimiento, que en el caso estudiado es anti horario.

$$V_A = \omega_{OA} \cdot R_{OA}$$
Ecuación 3.195

A esta velocidad, Ecuación 3.195, debe sumarse la velocidad relativa de B vista desde un observador en A, $\vec{V}_{B/A}$. De esta velocidad no puede cuantificarse el módulo, ya que se desconoce ω_{AB}, pero a partir de la Ecuación 2.13, se conoce que deberá ser ortogonal al elemento, sin conocer el sentido.

$$V_{B/A} = \omega_{AB} \cdot R_{AB}$$
Ecuación 3.196

Así, pues, la parte derecha de la Ecuación 3.194 ha permitido obtener una línea en el plano, marcada como línea 1 en la Figura 3.29, en la cual se ha de encontrar $\vec{V}_{B/A}$. O, dicho de otro modo, de los infinitos puntos contenidos en el plano, la solución a la ecuación se encontrará en un punto de esta recta.

Para encontrar una solución al problema, es necesario incluir una condición adicional, que en este caso será una recta que cortará a la anterior en el punto de solución que se busca, véase la línea 2 en Figura 3.29. Esta condición vendrá impuesta por la parte izquierda de Ecuación 3.194. De ella no se conoce el módulo de V_B, pero a partir del esquema del mecanismo, con la condición de deslizamiento, se sabe que el movimiento absoluto de B ha de estar contenido en la línea horizontal, con lo que también lo estará su velocidad. Así pues, la restricción impuesta por V_B en forma de recta horizontal, línea 2 en Figura 3.29, determinará el punto de corte buscado.

La resolución gráfica requiere representar los vectores de las velocidades en el plano de dibujo y para ello es necesario escoger libremente una escala gráfica de velocidades para cada caso. En la resolución aquí tratada no se representan valores numéricos, por lo que la escala escogida para los vectores es solamente orientativa. El punto origen para comenzar a representar el primer vector, punto q en velocidades, corresponde al polo de velocidades siendo un punto arbitrario en el plano, y solamente sirve de referencia para cumplir con la ecuación que se ha de resolver en este gráfico. En un mismo gráfico pueden resolverse varias ecuaciones cinemáticas para distintos puntos, pero es recomendable emplear gráficos diferentes cuando la saturación es excesiva o la escala no es la adecuada: excesivos vectores, vectores muy pequeños o que sobrepasan los límites del plano de dibujo. Junto al gráfico cinemático se incluye también el esquema del mecanismo para ayudar al lector en la dirección que tienen las velocidades.

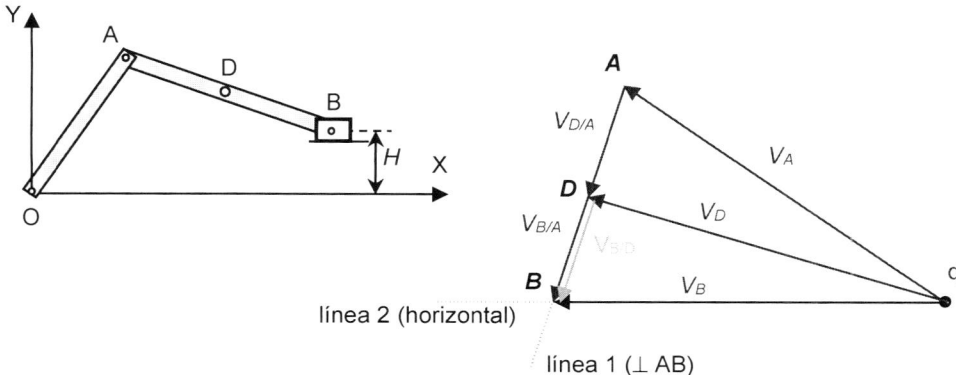

Figura 3.29. Resolución gráfica de las velocidades en mecanismo biela-manivela-corredera. Fuente: elaboración propia

Nótese que se cumple el Teorema de las velocidades proyectadas entre A y B, ya que, en este caso, en la línea AB se cumple que $\left|\vec{V}_A\right|_{proy} = \left|\vec{V}_{D/A}\right|$ y $\left|\vec{V}_B\right|_{proy} = \left|\vec{V}_{B/D}\right|$.

Una vez resuelto el esquema gráfico, tan solo es necesario obtener los valores reales de $V_{B/A}$ y V_B aplicando la misma escala empleada para representar los vectores en el gráfico. Teniendo en cuenta la Ecuación 3.196 puede resolverse la velocidad de rotación del elemento AB:

$$\omega_{AB} = \frac{V_{B/A}}{R_{AB}}$$

Ecuación 3.197

Las velocidades absolutas tienen un origen común, punto q, no así las relativas. Hay que destacar que puede entenderse que la velocidad de A se puede referenciar al punto O, y que, por tanto, su velocidad es relativa, $V_A \equiv V_{A/O}$, pero cabe recordar que, siendo el punto de referencia O inmóvil, la velocidad que tiene A solo puede considerarse como absoluta, evitándose interpretaciones ambiguas, ni confundiéndose con ser relativa al referenciarse con un observador situado en el punto O.

Cada barra del mecanismo tiene representada las velocidades de dos de sus puntos, por lo que, fácilmente se puede identificar en el gráfico los extremos de estos vectores, y que se corresponderán con los homólogos del mecanismo. La barra OA, en la que $V_O = 0$ y es representado como un vector de módulo cero en q, por lo que es nulo y coincide con él, también tiene conocida la velocidad de otro punto A con velocidad V_A, por lo que el elemento OA, tiene representado el polígono semejante en el gráfico, puntos q y A: el cinema del elemento OA se corresponde con la línea que une los puntos qA.

Análogamente se pueden identificar los extremos de las velocidades absolutas de los puntos A y B de la biela, con lo que el cinema de este elemento se corresponde con la línea que une los puntos AB en el gráfico. Haciendo uso de la propiedad que representa el cinema, puede resolverse rápidamente la velocidad absoluta y relativa de cualquier otro punto del mismo elemento. Así, por ejemplo, para calcular la velocidad del punto D, que pertenece al elemento AB y se encuentra en la mitad del elemento, puede localizarse este punto semejante en el cinema AB del gráfico, V_D en la Figura 3.29, con lo que se puede representar la dirección, sentido y también obtener su módulo, tan solo representando el vector con origen en q y con extremo en este punto D. Véase la Figura 3.29.

También se puede observar que las velocidades relativas $V_{D/A} = \omega_{AD} \cdot R_{AD}$ y $V_{B/D} = \omega_{DB} \cdot R_{DB}$ pueden ser representadas de forma inmediata. Numéricamente esto se puede demostrar del siguiente modo. Dado que D se encuentra en el punto medio de la biela, se cumple que $V_{D/A} = V_{B/D}$ y, en consecuencia, dado que la barra ADB solamente puede tener una velocidad de giro, se cumple que $\omega_{AB} = \omega_{AD} = \omega_{DB}$:

$$V_{D/A} = \omega_{AD} \cdot R_{AD} \qquad \qquad \text{Ecuación 3.198}$$

$$V_{B/D} = \omega_{DB} \cdot R_{DB} \qquad \qquad \text{Ecuación 3.199}$$

$$\omega_{AB} = \frac{V_{B/A}}{R_{AB}} = \frac{V_{D/A}}{R_{AD}} = \frac{V_{B/D}}{R_{DB}} \qquad \qquad \text{Ecuación 3.200}$$

de esas expresiones se verifica que:

$$R_{AD} = R_{DB} \;\rightarrow\; \frac{V_{D/A}}{\omega_{AD}} = \frac{V_{B/D}}{\omega_{DB}} \;\rightarrow\; \frac{V_{D/A}}{\omega_{AB}} = \frac{V_{B/D}}{\omega_{AB}} \;\rightarrow\; V_{D/A} = V_{B/D} \quad \text{Ecuación 3.201}$$

Esta velocidad del punto D, también podría haberse resuelto aplicando la composición de velocidades entre A y D, ya que ω_{DB} es conocida:

$$\vec{V}_D = \vec{V}_A + \vec{V}_{D/A} \qquad \qquad \text{Ecuación 3.202}$$

y, representando el vector para $\vec{V}_{D/A}$ en el extremo de $\vec{V}_A$, se podrá componer ambas velocidades para obtener el vector buscado, $\vec{V}_D$.

También puede realizarse la composición de velocidades con el punto B, ya que la velocidad angular de la barra 3, ω_{AB} es conocida. Puede observarse que esta resolución es más laboriosa que el empleo de la propiedad del Cinema, lo que es una característica propia de este método.

3.1.5.2. Cálculo de la aceleración en el mecanismo de biela-manivela

La resolución gráfica de la aceleración de los puntos B y D, $\vec{A}_B$ y $\vec{A}_D$, y de rotación del elemento AB, α_{AB}, requiere un proceso similar al descrito anteriormente en las velocidades, en el que se tendrá un nuevo origen de vectores, punto q en aceleraciones, que en este caso recibe el nombre de polo de aceleraciones, y del que parten todas las aceleraciones absolutas de los puntos. La escala para dimensionar las aceleraciones generalmente es diferente a la aplicada en el caso de las velocidades. Dado que se realiza una descripción de la metodología, los vectores representados solamente pretenden ayudar a la explicación. En la resolución numérica de problemas debe seleccionarse, en cada caso, la escala más adecuada para minimizar el error y obtener resultados válidos.

Volviendo a la Figura 3.28, el punto B describe un movimiento absoluto en dirección horizontal y es accionado por el elemento AB en un movimiento relativo de rotación. No hay que confundir esto, para que se provoque la aceleración de Coriolis en el punto B, véase 2.1.6 Cinemática del punto en sistemas no inerciales, ya que el desplazamiento absoluto de B describe una línea en un sistema inercial, es decir, ejes coordenados absolutos XY y además, no se encuentra alineado con el elemento AB. Este elemento y la deslizadera tan solo quedan unidos por el punto B, sin que exista la posibilidad de desplazamiento no inercial. Con esto, la ecuación que relaciona las aceleraciones entre puntos ha sido mostrada anteriormente, en la que la aceleración del punto de accionamiento, $\vec{A}_A$, es conocida tanto en módulo, dirección y sentido:

$$\vec{A}_B = \vec{A}_A + \vec{A}_{B/A}$$

Ecuación 3.203

Para resolver este vector, es necesario representar las componentes que forman la aceleración de A. La trayectoria circular del punto A, Figura 2.7, permite determinar su componente normal que depende de la velocidad de giro ω_{OA} y estará alineada con R_{OA} y sentido desde A hacia el centro de giro, punto O:

$$A_A\big|_{normal}^{barra\,2} = \omega_{OA}^2 \cdot R_{OA}$$

Ecuación 3.204

En el planteamiento de este ejercicio práctico, se indica que el elemento de entrada presenta aceleración angular horaria, con lo que la dirección será ortogonal a OA y, cumpliendo con la regla de la mano derecha, el sentido será horario. El módulo viene dado por:

$$A_A\big|_{tangencial}^{barra\,2} = \alpha \cdot R_{OA}$$

Ecuación 3.205

La representación de estas dos componentes, normal y tangencial, determinan el vector absoluto de $\vec{A}_A$. Obsérvese que el polígono qA también se corresponde con el cinema de aceleraciones asociado al elemento OA, tal y como ocurre con el cálculo de las velocidades, ya que el punto O es inmóvil y su aceleración es nula, $A_O = 0$ y coincide con q.

Una vez definida la aceleración de A, se procede a resolver la Ecuación 3.203, es decir, $\vec{A}_B = \vec{A}_A + \vec{A}_{B/A}$. A la aceleración obtenida del punto A, $\vec{A}_A$, se le ha de sumar la aceleración relativa de B vista desde A, $\vec{A}_{B/A}$. De sus dos componentes, la parte normal depende de la velocidad de rotación del elemento, ω_{AB}, y es conocida en módulo y también en dirección, es decir, alineada con la barra AB, y apuntando al centro de giro virtual: desde B hacia A. Véase la Figura 2.7.

$$A_{B/A}\Big|_{normal}^{barra\,3} = \omega_{AB}^2 \cdot R_{AB} \qquad \text{Ecuación 3.206}$$

La otra componente tangencial, $A_{B/A}\Big|_{tangencial}^{barra\,3}$, es desconocida en módulo y sentido, pero es conocido que la dirección ha de ser ortogonal a la barra, véase la Ecuación 2.17.

En el extremo de $\vec{A}_A$ se continúa representando la $A_{B/A}\Big|_{normal}^{barra\,3}$ y en su extremo se marcará la ortogonal a la barra AB, línea 3 en la Figura 3.30. En esta línea se encontrará la $A_{B/A}\Big|_{tangencial}^{barra\,3}$. Así pues, de la parte derecha de la Ecuación 3.203, se ha obtenido que, de los infinitos puntos del plano, la $A_{B/A}\Big|_{tangencial}^{barra\,3}$ se encuentra en la línea 3. Para poder encontrar una solución viable, es necesario introducir una condición adicional, en este caso en forma de línea para encontrar un punto de corte que dará con la solución buscada.

De la parte izquierda de la Ecuación 3.203 se sabe que el punto B desliza sobre la horizontal, por lo que es conocido que su aceleración se ha de encontrar en esta trayectoria. Por tanto, partiendo desde q (origen del vector $\vec{A}_B$) se traza una línea horizontal, línea 4 en la Figura 3.30, con lo que se determina el punto de corte con la línea 3 para verificar la Ecuación 3.203. La dirección de los vectores $\vec{A}_{B/A}\Big|_{tangencial}^{barra\,3}$ y $\vec{A}_B$ ha de cumplir con la suma de los vectores de esta expresión, dando una solución única. Los valores reales de estas dos aceleraciones se obtendrán a partir de la escala considerada para representar los vectores en el gráfico.

La aceleración angular de la barra AB se podrá determinar a partir de la componente tangencial:

$$\alpha = \frac{A_{B/A}\Big|_{tangencial}^{barra\,3}}{R_{AB}} \qquad \text{Ecuación 3.207}$$

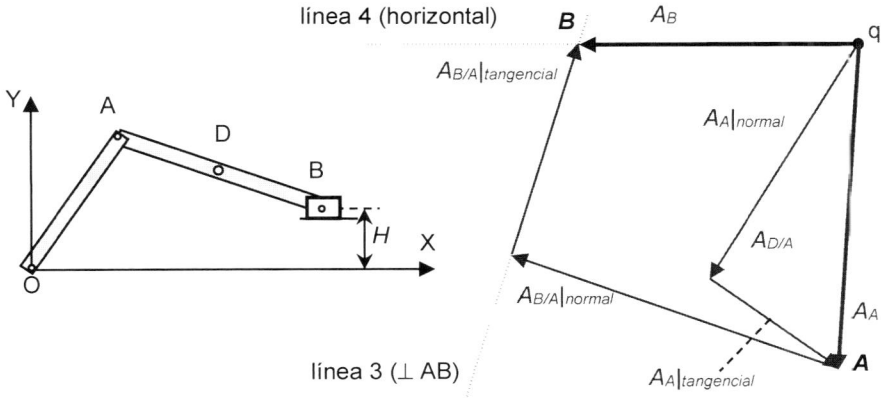

Figura 3.30. Resolución gráfica de las aceleraciones. Fuente: elaboración propia

De nuevo, al igual que en las velocidades, se cumple que cada uno de los elementos dispone de su propio cinema de aceleraciones. Así, el elemento OA tiene dos puntos de aceleración conocida, el punto A ya representado anteriormente y la del punto O, que, al estar en reposo, se cumple que $A_O = 0$, y coincide con el polo de aceleraciones, punto q. Por tanto, el elemento OA tiene asociado el cinema de aceleraciones que se corresponde con los extremos de estas dos aceleraciones, es decir, qA. De igual forma la barra AB tiene representado su cinema de aceleraciones que se corresponde con los puntos AB de la resolución gráfica. Hay que destacar que los puntos de los gráficos del cinema de velocidades y de aceleraciones no tienen ninguna relación entre ellos.

La aceleración del punto D se podrá resolver directamente aplicando la propiedad del cinema de aceleraciones, en la que, dado que el punto D se encuentra en la mitad del elemento AB, el punto homólogo que representará el extremo de la aceleración absoluta de D en el gráfico, $\vec{A}_D$, se ha de encontrar también equidistante respecto a los puntos homólogos A y B, véase el Cinema de aceleraciones en Figura 3.31. Una vez resueltas las aceleraciones absolutas de los puntos de la barra ADB, las aceleraciones relativas entre puntos $\vec{A}_{B/A}, \vec{A}_{D/A}$ y $\vec{A}_{B/D}$, se pueden determinar mediante el vector que une estas aceleraciones y deberán estar alineadas con los puntos ADB del cinema. En este gráfico también se han representado estos vectores.

Las aceleraciones relativas $\vec{A}_{D/A}\big|_{normal}$ y $\vec{A}_{D/A}\big|_{tangencial}$ se pueden resolver desde la aceleración absoluta de D, $\vec{A}_D$, proyectando en la dirección del elemento

AB y en su dirección ortogonal, respectivamente. De igual modo se pueden obtener las componentes de $\vec{A}_{B/D}\big|_{normal}$ y $\vec{A}_{B/D}\big|_{tangencial}$, Figura 3.31, observando con total claridad desde el gráfico que son iguales. Esto puede justificarse con la condición de las distancias relativas, considerando que la velocidad y aceleración angulares de la barra es $\omega_{AB} = \omega_{AD} = \omega_{DB}$ y $\alpha_{AB} = \alpha_{AD} = \alpha_{DB}$:

$$R_{AD} = R_{DB} \rightarrow \frac{A_{D/A}\big|_{normal}}{\omega_{AD}^2} = \frac{A_{B/D}\big|_{normal}}{\omega_{BD}^2} \rightarrow A_{D/A}\big|_{normal} = A_{B/D}\big|_{normal}$$ **Ecuación 3.208**

$$R_{AD} = R_{DB} \rightarrow \frac{A_{D/A}\big|_{tangencial}}{\alpha_{AD}} = \frac{A_{B/D}\big|_{tangencial}}{\alpha_{BD}} \rightarrow A_{D/A}\big|_{tangencial} = A_{B/D}\big|_{tang}$$ **Ecuación 3.209**

$$R_{DB} = \frac{R_{AB}}{2} \rightarrow \frac{A_{B/D}\big|_{normal}}{\omega_{BD}^2} = \frac{A_{B/A}\big|_{normal}}{2 \cdot \omega_{AB}^2} \rightarrow A_{B/D}\big|_{normal} = \frac{A_{B/A}\big|_{normal}}{2}$$ **Ecuación 3.210**

$$R_{DB} = \frac{R_{AB}}{2} \rightarrow \frac{A_{B/D}\big|_{tangencial}}{\alpha_{AD}} = \frac{A_{B/A}\big|_{tangencial}}{2 \cdot \alpha_{BD}} \rightarrow A_{B/D}\big|_{tangencial} = \frac{A_{B/A}\big|_{tang}}{2}$$ **Ecuación 3.211**

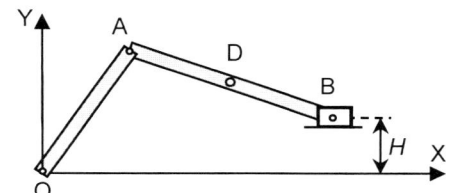

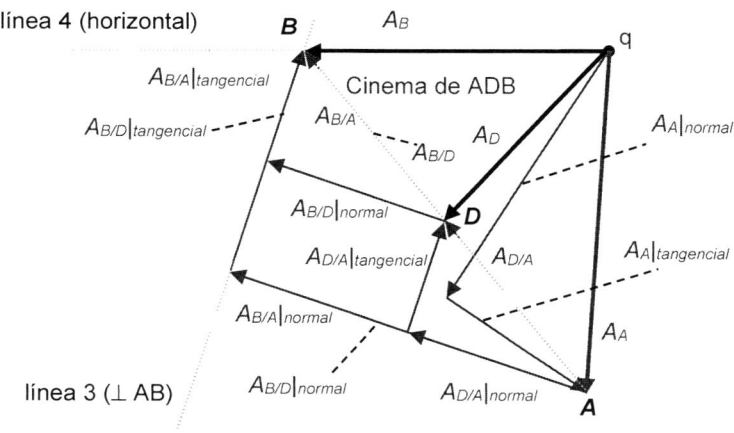

Figura 3.31. Aceleración de D mediante cinema. Fuente: elaboración propia

Un modo alternativo de obtener la aceleración de D, $\vec{A}_D$, es aplicar la composición de aceleraciones entre el punto D y el punto A, $\vec{A}_{D/A}$, ya que las componentes de la aceleración relativa ya son conocidas:

$$\vec{A}_D = \vec{A}_A + \vec{A}_{D/A}$$
Ecuación 3.212

$$A_{D/A}\big|_{normal} = \omega_{AB}^2 \cdot R_{AD}$$
Ecuación 3.213

$$A_{D/A}\big|_{tangencial} = \alpha_{AB} \cdot R_{AD}$$
Ecuación 3.214

También se podría haber tomado el punto B como punto de referencia para la composición de aceleraciones, ya que el elemento 3 es totalmente conocido.

$$\vec{A}_D = \vec{A}_B + \vec{A}_{D/B}$$
Ecuación 3.215

En todos los casos, el valor real se obtiene aplicando la escala gráfca considerada en aceleraciones a los vectores obtenidos de la resolución gráfica.

Conclusiones

En los apartados anteriores se han desarrollado las diversas técnicas para el estudio cinemático de mecanismos en dos enfoques; mediante métodos analíticos y gráficos. Como aplicación práctica se ha resuelto la cinemática de un ejercicio simple como es el biela-manivela corredera con movimiento rectilíneo por los cinco métodos para que el lector pueda comparar todas las técnicas entre sí. A la vista del proceso y el trabajo que conlleva, se observa con claridad que los métodos más adecuados dependen en cierta medida del mecanismo a estudiar y del objetivo del estudio.

Los métodos gráficos requieren conocer previamente la posición geométrica de los elementos, resolviendo la cinemática de un modo rápido e intuitivo, ya que muestran los vectores de velocidad y aceleración sobre el plano del mecanismo. Los métodos analíticos, obtienen las expresiones paramétricas, por lo que ofrecen la ventaja de obtener los resultados numéricos al modificar el valor de un parámetro u obtener un ciclo completo, mientras que en el caso de los métodos gráficos requiere repetir todo el proceso para los nuevos valores. Además, a partir de las expresiones matemáticas puede trabajarse para obtener, por ejemplo, los máximos o mínimos de las funciones, sus valores correspondientes o conocer la dependencia con el resto de parámetros del mecanismo. A excepción del Método de los CIR, todas las metodologías requieren resolver la cinemática de los puntos desde el elemento de accionamiento del mecanismo pasando sucesivamente al resto de puntos hasta alcanzar el elemento de salida.

En los Métodos Analíticos, el planteamiento trigonométrico se basa en las relaciones matemáticas entre puntos y su posterior derivación para determinar la cinemática. Por su parte, el Método del álgebra vectorial requiere relacionar puntos en sus ecuaciones de definición con sus restricciones de movimiento para resolverlos. En el caso del Método de la ecuación de Cierre se buscan cadenas cine-máticas cerradas, que, para un mecanismo arbitrario, generalmente ofrece varias posibilidades de cierre, siendo conveniente estudiar la viabilidad de estas, al obje-to de escoger las más convenientes. El tratamiento de estas expresiones en todos los casos es siempre idéntico.

Con respecto a los Métodos Gráficos, es el método de los Cinemas el que ofrece mayor ventaja, especialmente en el cálculo de las aceleraciones. Sin em-bargo, si lo que se necesita es un cálculo estimativo de la velocidad de algún pun-to o elemento, sin necesidad de resolverlo por completo, el Método de los CIR es el más indicado, ya que permite calcular la velocidad de cualquier punto sin nece-sidad de pasar por todos los puntos intermedios del mecanismo. En el caso de las aceleraciones, este método no resulta práctico. Puede tratarse como un método híbrido.

Se concluye que, en cuanto a los métodos analíticos, el método de la ecuación de cierre es, sin lugar a dudas, el más apropiado para estudiar cualquier meca-nismo que se nos presente, ya que es el que más versatilidad ofrece, sin requerir consideraciones a lo largo de su aplicación y a su vez, no necesita de ninguna resolución de parámetros numéricos para facilitar el manejo de las expresiones, tal como sí ocurre con el Método del álgebra vectorial. Sin embargo, está indicado para resolver los sistemas de ecuaciones empleando algún software matemático, necesitando más dedicación en el cálculo de las aceleraciones. Además, permite resolver la posición de los elementos y puntos del sistema, aunque esto también se puede realizar con el método trigonométrico, pero no con el de álgebra vecto-rial. La diferencia que hace destacar este método de la ecuación de cierre frente al resto es resultado de las propiedades que se han descrito anteriormente en la aplicación de este método, como son: 1.- la obtención de las velocidades y acele-raciones a partir de la derivación de las expresiones explícitas de la posición, así como 2.- la obtención de los sistemas de ecuaciones escalares en parte real e imaginaria de la velocidad y aceleración por derivación de las correspondientes de la posición, lo que ofrece una alternativa para reducir de forma considerable el tiempo y el manejo de ecuaciones en el desarrollo del problema.

Por otro lado, si lo que se pretende es resolver la cinemática rápidamente so-bre una posición concreta, el método de los cinemas es el que ofrece las mayores ventajas, dado que no requiere de excesivos esfuerzos ni conocimientos matemá-ticos para obtener la solución buscada. Sin embargo, es necesario recurrir a pro-gramas CAD para obtener resultados exactos, aunque en muchas situaciones, el nivel de precisión es suficiente con una resolución manual, obteniendo valores muy similares a los resueltos por metodologías analíticas.

Hay que recordar que a lo largo de este apartado se ha analizado la cinemáti-ca del ejercicio de un mecanismo, pero también puede ser necesario efectuar el paso inverso, es decir, realizar la síntesis del mecanismo para cumplir con unas premisas fijadas, como, por ejemplo, posiciones concretas que han de tener algu-nos puntos del mecanismo durante su trayectoria. En este caso, vuelve a ser el método de la ecuación de cierre el que permite plantear las ecuaciones que cumplen con estas exigencias, para formar una batería de n ecuaciones con n incógnitas que pueden ser resueltas con algún tratamiento matemático de resolución de ecuaciones, como es la diagonalización o emplear resolución por medio de matrices, siendo necesario en este caso el disponer de matrices cuadradas, ya que de lo contrario no se podrá obtener la matriz inversa y no se podrá resolver.

Habitualmente, para facilitar la síntesis, se preselecciona el mecanismo que más se ajusta: cuadrilátero articulado, mecanismos ya desarrollados por autores históricamente o en bibliografía seleccionada, etc., a partir de las trayectorias de algunos puntos, del número de barras o de cualquier condicionante para el diseño. Este proceso de diseño-síntesis del mecanismo es muy complejo y requiere de técnicas avanzadas de mecanismos y es poco tratado en la bibliografía que se centre en los mecanismos.

Bibliografía

CALERO PÉREZ, R., & CARTA GONZÁLEZ, J. A. (1998). *Fundamentos de mecanismos y máquinas para ingenieros*. McGraw-Hill/Interamericana de España.

COLOMINA FRANCÉS, F. J. (2013). *Máquinas y mecanismos: cinemática de mecanismos planos*. Universitat Politècnica de València.

GONZÁLEZ FERNÁNDEZ, C. F. (2003). Mecánica del sólido rígido. Ariel Ciencia.

JIMÉNEZ SÁEZ, J. C., PALACIOS CLEMENTE, P., & RAMÍREZ DE LA PISCINA MILLÁN, S. UPM en abierto. *Cinemática del sólido rígido.* <https://moodle.upm.es/en-abierto/pluginfile.php/317/mod_label/intro/07CinSol_08.pdf> [Consulta: 24 de octubre de 2024]

NORTON, R. L. (1995). *Diseño de maquinaria*. McGraw-Hill.

REINO FLORES, M., & GALÁN MARÍN, G. (2020). *Cinemática de mecanismos planos. Teoría y problemas resueltos*. Universidad de Extremadura. Servicio de Publicaciones.

SIMÓN MATA, A., BATALLER TORRAS, A., CABRERA CARRILLO, J. A., EZQUERRO, F., GUERRA FERNÁNDEZ, A. J., NADAL, F., & ORTIZ FERNÁNDEZ, A. (2009). *Fundamentos de teoría de máquinas*. Bellisco.